U0150911

雷达与探测前沿技术译丛

无源雷达导论

（第2版）

An Introduction to Passive Radar

(Second Edition)

[英] 休·D. 格里菲斯（Hugh D. Griffiths）
克里斯托弗·J. 贝克（Christopher J. Baker） 著

焦璐 主译

国防工业出版社

·北京·

著作权登记 图字:01-2023-2899号

图书在版编目(CIP)数据

无源雷达导论:第2版/(英)休·D. 格里菲斯(Hugh D. Griffiths),(英)克里斯托弗·J. 贝克(Christopher J. Baker)著;焦璐主译. —北京:国防工业出版社,2023.9

书名原文:An Introduction to Passive Radar(Second Edition)

ISBN 978-7-118-13058-4

Ⅰ.①无… Ⅱ.①休… ②克… ③焦… Ⅲ.①无源雷达 Ⅳ.①TN958.97

中国国家版本馆CIP数据核字(2023)第172740号

内容简介

本书简述了无源雷达的发展历史和基本原理,对各类照射源进行了描述,并重点介绍了其中的数字调制格式,对数字广播应用中的单频网络进行了说明,具体阐释了相关接收、直达波抑制、双基检测、目标定位与跟踪等信号/数据处理技术,列举了无源雷达的实际应用和相关产品,并探讨了无源雷达未来的发展和应用前景。

本书面向所有对雷达有基本理解的读者,可为读者提供关于无源雷达内部工作原理的全新认识。

※

国防工業出版社 出版发行

(北京市海淀区紫竹院南路23号 邮政编码100048)

雅迪云印(天津)科技有限公司印刷

新华书店经售

*

开本 710×1000 1/16 **印张** 12¼ **字数** 210千字

2023年9月第1版第1次印刷 **印数** 1—2000册 **定价** 148.00元

(本书如有印装错误,我社负责调换)

国防书店:(010)88540777 书店传真:(010)88540776

发行业务:(010)88540717 发行传真:(010)88540762

译者序

本书原著于2022年在Artech House出版社出版。第一作者是伦敦大学学院的格里菲斯(Hugh D. Griffiths)教授,他于1982年首次发起了对于无源雷达的研究工作,随后将研究扩展到商业产品的开发中,并在1986年发表了第一篇关于使用模拟超高频电视发射机作为照射源的无源雷达的文章。1989年,他开始与第二作者贝克(Christopher J. Baker)教授合作,利用卫星电视等宽带的辐射信号,研究无源雷达技术。至今,二人已经就这一主题发表了100多篇科学论文,成为无源雷达领域的科学领导者。而本书的内容正是两位教授近40年研究和实践成果的集中呈现,具有极高的学术和技术水平。

本书内容涵盖无源雷达发展历史、基本原理、不同照射源的特征、信号/数据处理技术(包含相关接收、直达波抑制、双基检测、目标定位与跟踪等)、实际应用和相关产品,是市面上少有的重点介绍无源雷达技术的书籍,以一种简单清晰且浅显易懂的方式,展示了无源雷达如何工作,与主动雷达有何不同,以及无源雷达技术的优缺点。

随着时间的推移和技术的进步,使用频谱的平台和用户越来越多,频谱正变得越来越拥挤和稀缺。无源雷达可谓是针对此问题的一个绿色解决方案:不需要占用频谱,只需要敏感的接收机、数字转换器和快速信号处理设备来构建,可用于空中交通管制、边境保护、军事目的,甚至用于鸟类迁徙分析等。无源雷达虽不是新概念,但尚属新兴市场,目前市面上的产品很少,但鉴于其技术上的优势,许多国家都在开展这方面的研究,相关厂商也在实施一些新项目,旨在为民用和军用市场开发新式无源雷达。无源雷达可能是今后的一个重要发展方向。

本书翻译过程中,得到了成都飞机设计研究所有关领导及技术、管理人员的大力支持,在此向他们及其他提供帮助的同志表示诚挚的谢意!

受时间和能力限制,译文难免有不妥之处,敬请批评指正。

译者

2023年3月

序

无源雷达是一种巧妙的装置，它自身不发射任何电磁能，只是利用已有的发射源感测因物体运动而引起的电磁场微小扰动，从而实现检测、跟踪甚至成像。这个想法并不新鲜，1935 年罗伯特·沃特森·瓦特（Robert Watson Watt）就曾在著名的达文特里（Daventry）实验中进行了证实。在他的实验中，通过利用短波商用发射机的信号，从 8mi（12.87 km）外远距探测到了轰炸机。几年后，德国工程师研制出第一部无源雷达，命名为“克莱恩海德堡”（KH）。该雷达以英国“本土链”海岸警戒雷达为照射源，可探测到第二次世界大战中执行摧毁军事目标任务的英国轰炸机。

尽管无源雷达的概念已广为人知，但由于当时的模拟信号处理能力不足以对无源雷达信号进行有效处理，因而在接下来几十年里无源雷达的研究进入“休眠”期。

20 世纪 70 年代，数字信号处理技术的飞速发展为无源雷达的实现提供了新的可能，很快在英国、德国、澳大利亚、意大利、法国、波兰、中国、伊朗、俄罗斯等国家掀起了无源雷达研究热潮。美国的洛克希德·马丁公司于 20 世纪 90 年代研制了一系列无源雷达样机，分别为“沉默哨兵”1 代、2 代和 3 代。

1982 年，伦敦大学学院的休·D. 格里菲斯教授发起无源雷达的研究工作。他很快将研究扩展到利用商用机会发射机，并于 1986 年发表了第一篇关于无源雷达的文章，其中使用模拟超高频（UHF）电视发射机作为照射源。1989 年，他开始与克里斯托弗·J. 贝克教授合作，广泛利用卫星电视等机会发射机进行无源感测，并在这一领域持续研究至今。两位教授发表了 100 多篇关于该主题的文章，成为无源雷达领域的科学领军人物。

本书第 1 版是首部向公众展示无源雷达技术的著作。第 2 版在第 1 版的基础上进行了更新，增加了新处理技术、新系统和新研究结果的示例。正如书名所指出的，作者希望能为读者带来无源雷达方面的概览，以简单明了的方式介绍无源雷达的工作原理、与有源雷达的区别以及这种新技术的优缺点。本书不涉及相关问题的深入数学计算，可供所有希望了解无源雷达技术的读者参阅。书中描述了无源雷达的发展历史、工作原理、不同机会照射源的特征以及信号和数据处理的基本原理，包括相关接收、直达波抵消、双基检测、目标定位和跟踪，还讨论了实际应用方面的问题，并选择了一些雷达样机和成品进行介绍。

本书给出了与无源雷达的现象和处理相关的基本数学公式，读者阅读时可以跳过这些公式，并不会影响充分掌握理解无源雷达技术所需的基本现象和原理；也可以对这些公式进行分析，并查阅本书参考的大量科学文献，里面有数学方面的所有详细描述。

无源雷达市场尚属新兴市场，目前市场上提供的产品很少。但是，业内许多竞争厂商已经启动了新项目，致力于开发瞄准民用市场和军用市场的新型无源雷达，投资规模超过100亿美元。

随着时间的推移，频谱日趋拥塞，其价格也日益高涨。通信公司试图获取更多可用的频谱，而要为雷达和遥感用途申请电磁功率发射许可如今也变得更加困难。针对这一问题，无源雷达提供了一种绿色解决方案：它无须发射能量，也无须支付频谱使用费，只需基于灵敏接收机、数字转换器和快速信号处理设备构建的雷达，即可用于空中交通管制、边境保护和军事目的，甚至可用于鸟类迁徙分析。

从本书中可以找到了解无源雷达这项巧妙技术所需要的知识，希望读者在读完本书后能够对无源雷达的内部工作原理有一个全新和深入的认识。

华沙理工大学
克日什托夫·库利帕教授
2022年4月

前　言

本书第 1 版由来自 Artech House 出版社雷达系列丛书主编乔·圭尔希(Joe Guerci)博士提议。他指出,这些年我们积累了大量的研究成果、讲座和教学材料,要汇编成书应当不难。其实这并非易事,需要花费大量的时间来组织材料、撰写、修改和审校。第 1 版颇为成功,甚至被翻译成中文版,但随着该学科迅速发展,新系统、新成果和新出版物不断涌现,亟须对内容进行更新,于是第 2 版应运而生。

第 1 章的历史介绍表明,无源雷达已存在了很长时间,其历史可追溯到 90 多年前。由于无源雷达系统不需要专门的高功率发射机,普遍简单且成本低廉,因此该学科非常适合在大学开展研究,世界各地的许多大学拥有团队在从事无源雷达研究,并在会议和学术期刊上发表了他们的研究结果。但是,人们总有一种感觉,无源雷达与真正的雷达相比还是略逊一筹,似乎只能用于解决某些特定问题。在过去 5 年里,情况显然发生了变化,无源雷达技术日臻成熟。数字传输在广播和通信领域的广泛应用,产生了更适合雷达使用的波形。频谱拥塞问题促使人们寻求能够利用现有发射信号的新感知技术,避免让已经拥挤的频谱雪上加霜。在一些国家,商业公司已投资开发实用型无源雷达系统,其性能和可靠性相比 10 年前的实验系统有大幅提高。第 10 章列举了一些应用前景极好的无源雷达,未来 10 年我们期待其有更大的进展。

本书没有详细阐述数学运算过程,而是面向对雷达有基本了解的读者受众。书中重点介绍了基本原理、处理技术和实际结果,并提供了完整的参考文献列表,以便读者在具备相应基础知识后可以查阅原始文献获取更多细节。本书借鉴了以前出版的一些书籍和研究成果,尤其是尼克·威利斯(Nick Willis)的《双基雷达》(*Bistatic Radar*),该书对双基雷达这一主题进行了精彩介绍,本书多个章节参考了这本书。

我们二人职业生涯的相当大一部分时间是在从事无源雷达研究,期间有幸与许多才华横溢的雷达工程师合作,他们都为推动无源雷达技术进步做出了各自贡献。这种相处方式在很大程度上就像是处于一个国际社区,大家彼此分享想法和成果,互相借鉴以继续深入研究。本书也是数千人智慧的结晶,他们给了我们很多灵感,通过无数次的探讨帮助我们塑造了本书。虽然无法一一鸣谢,但在此要特别感谢几位亲密的朋友:马特·里奇(Matt Ritchie)、阿莱西奥·巴莱里(Alessio Balleri)、格雷姆·史密斯(Graeme Smith)、安迪·斯托夫(Andy

Stove)、西门·沃茨(Simon Watts)和兰登·加里(Landon Garry)。此外,感谢斯蒂芬·佩恩(Stephen Paine)、詹姆斯·帕尔默(James Palmer)、凯特·海因斯(Kate Hines)、丹尼尔·奥哈根(Daniel O'Hagan)、迭戈·克里斯塔利尼(Diego Cristallini)、斯蒂芬·鲁茨(Steffan Lutz)和迈克尔·埃德里奇(Michael Edrich)提供素材和建议。

感谢乔·圭尔希(Joe Guerci)博士最早提议研究这个项目,感谢 Artech House 出版社的梅林·福克斯(Merlin Fox)和纳塔利·麦克格雷格(Natalie McGregor)让项目步入正轨。感谢允许我们使用图片的各位作者、机构和出版商,也感谢阅读过早期书稿、帮助我们纠正错误或提出完善意见的各位同行。

最后,感谢我们的伴侣莫拉格和珍妮特,感谢她们一直以来的鼓励和包容。

休·D. 格里菲斯(Hugh D. Griffiths)

克里斯托弗·J. 贝克(Christopher J. Baker)

目 录

第1章 引言

1.1 术语

无源雷达可定义为利用已有信号(诸如广播、通信或无线电导航发射等)作为发射源的一组雷达技术。这与传统的单基雷达不同,传统的单基雷达有专用的发射机,以及可发射、可接收的单天线,并且信号形式(通常是脉冲)专门针对雷达功能进行了优化。

虽然“无源雷达”这一术语得到广泛采用,但也有人提出并使用其他术语,尤其是军方用户会称之为无源相干定位(PCL)或无源隐蔽雷达(PCR)。无源双基雷达(PBR)也是一个广泛使用的名称,它强调了发射机和接收机物理分离的双基布局,实际上,这决定了此类雷达的诸多特性。当发射源是已有的单基雷达时,会使用“搭便车”(hitchhiking)一词。所使用的其他术语还包括广播雷达、非合作雷达、寄生雷达和共生雷达[1]。本书为简单起见,均采用无源雷达这一术语。

无源雷达使用的发射源通常称为机会照射源,这意味着它们的信号并未针对雷达用途做过优化。另外,也进一步区分了合作发射源和非合作发射源。但这些定义都比较粗,在实际操作中会遇到一系列情况。一种极端情况是,照射源的波形和覆盖范围可能是完全合作的,无源雷达设计人员可对其进行控制,甚至可以实时地动态改变波形和覆盖范围以达到更优的性能。另一种极端情况是,照射源被设计成极难被无源雷达利用,因此可作为无源雷达的对抗措施(这一点将在第10章中进一步讨论)。显然,这两种极端情况之间还存在许多其他情况。

当前备受关注的一种无源雷达形式是共生雷达①,其设计中包含了广播或通信信号,因此该雷达不仅能够实现其主要功能,在某种意义上也被优化为有源雷达信号。共生雷达利用了现代数字信号处理中的复杂数字波形编码技术,也

① 南非的研究人员也用“共生雷达”表示无源雷达,尤其是在使用非合作照射源的情况下。

称波形分集。共生雷达可用于解决频谱拥塞问题,详细描述见第10章。

与无源雷达较为相似的是无源发射机跟踪(PET),它根据多台接收机接收到的目标发射信号来定位和跟踪目标(通常是飞机)。

无源雷达具有许多潜在的优点。

(1)广播和通信发射机往往位于较高的位置,因此实现了更广阔的覆盖范围。

(2)由于该系统利用已有的发射机,因此无源雷达的成本可能比传统雷达低得多。同样,也不存在许可问题。

(3)无源雷达可使用普通雷达一般不会使用的频段,特别是甚高频(VHF)和超高频(UHF)。这些频段的波长与目标物理尺寸属同一数量级,并且前向散射给出的角散射相对较大,因而有利于探测隐身目标。

(4)由于接收机不发射信号,并且只要接收天线不易察觉,无源雷达接收机便无法被探测到,因此是完全隐蔽的。

(5)要针对无源雷达部署对抗措施也是很难的,不管采取哪种干扰方式,都需要在多个方向上进行干扰,干扰有效性就会降低。

(6)无源雷达不需要任何额外的频谱,因此也称“绿色雷达”。

(7)它可以利用各种发射信号,实际上几乎一切发射信号都能被无源雷达所利用。

然而,无源雷达也有一些明显的缺点。

(1)这些发射信号的波形并未针对雷达用途做过优化,因此必须谨慎选择合适的波形和最佳的处理方式。

(2)在大多情况下,发射源不受无源雷达的控制。

(3)对于模拟信号,模糊函数(距离和多普勒分辨率)依赖瞬时调制,调制方式良莠不齐。数字信号调制则不会遇到这些问题,因此可能更受青睐。

(4)波形通常是连续的(占空比为100%),因此必须使用有效处理来抑制直达波和多径效应,才能探测到目标弱回波。

(5)与所有双基雷达一样,无源雷达对位于发射机和接收机之间基线上或基线附近的目标的距离和多普勒分辨率较差。

本书将对以上观点进行详细探讨。

1.2 历史

无源雷达的研究历史比预期的更为久远。1922年,美国海军研究实验室的A. 泰勒和L. C. 扬进行的第一批实验便使用了双基雷达[2]。但据文献记载,首次将广播发射机用于雷达用途是在 1924 年。当时，阿普尔顿和巴内特[3]使用了英国广播公司（BBC）位于英格兰南海岸的伯恩茅斯无线电发射机（频率约为 770kHz，接收机位于牛津，距发射机约 150km）来测量海氏层（电离层）的高度。信号沿两条路径传播：直接地面电波传播路径和电离层反射传播路径（图 1.1）。根据路径长度差确定一个特殊的相位关系，再以此将两个信号进行组合。在写给同事的信中，阿普尔顿解释道，在这个距离，两个信号振幅大致相同，因此它们之间的拍频将具有最大振幅。实践发现，确实如此[4]。发射机频率以大约 10s 的扫频周期在约 20kHz 的带宽上扫描。因而相位关系发生改变，在用于探测信号的晶体检波器和检流计上跟踪到一组最大值和最小值，时间间隔与路径差成正比，对应大约 1s 的周期。可以认为这是第一部调频（FM）雷达[5]。

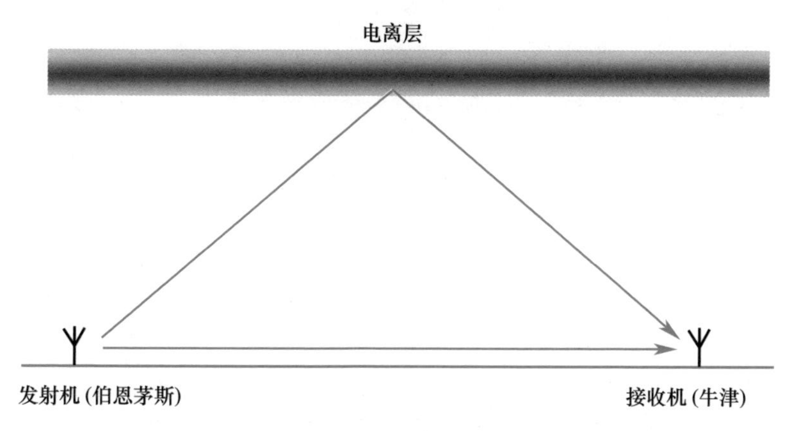

图 1.1　阿普尔顿和巴内特于 1924 年进行的实验

20 世纪 20—30 年代，包括美国[2]、法国[6]、俄罗斯[7]、日本[8]和德国[9]在内的几个国家对前向散射栅栏进行了研究，以用于飞机探测。在这种几何关系中，目标雷达截面积（RCS）增大，并利用这一点检测直达波和多普勒频移回波之间的拍频，当目标穿过发射机和接收机之间的基线时，拍频为零（图 1.2）。但这只能说明存在目标，并不能提供任何目标位置信息。第 2 章将对前向散射问题做更深入的探讨。

雷达发展史上的另一座里程碑是 1935 年 2 月 26 日进行的著名的达文特里实验[10-11]。罗伯特·沃特森·瓦特和他的助手阿诺德·威尔金斯（Arnold Wilkins）利用英国广播公司频率约为 6MHz 的广播发射机探测到 8mile 外的一个飞机目标（汉德利·佩奇公司的一架“海福德”轰炸机）。更重要的是，他们向政府高级官员 A. P. 罗演示了这一结果，并说服英国空军部资助了英国“本土链”防空雷达系统的研发项目，正好应用到第二次世界大战[12]中。

1938 年，美国科学杂志就报道了由于飞机目标反射造成电视屏幕上出现鬼影效应[13]。当时，飞机回波导致了直达波的轻微延迟，于是在屏幕上显示为鬼影。

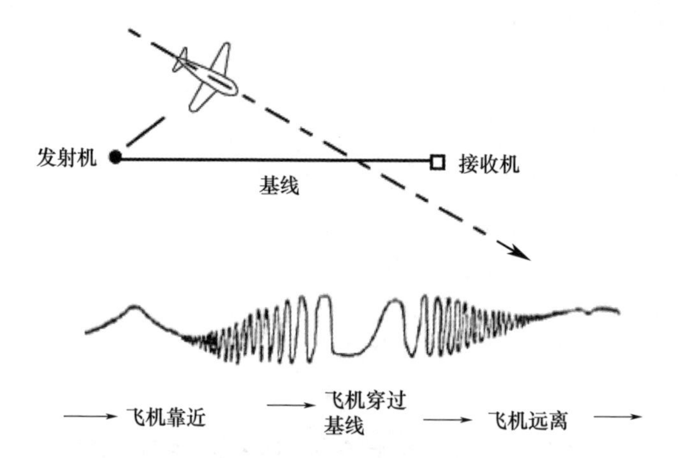

图 1.2 前向散射（当目标穿过发射机和接收机之间的基线时，多普勒频移为零）[6]

另外，不得不提到第二次世界大战期间德国的克莱恩海德堡（Klein Heidelberg，KH）双基雷达系统（图 1.3 和图 1.4），该系统借用英国的“本土链”雷达作为照射源。这是第一款实用型无源雷达，领先于它所处的时代几十年[14-15]。第一部 KH 雷达于 1943 年开始投入使用，后续又建造了 5 个雷达站。而盟军直到 1944 年 10 月才发现它的存在[16]。事实证明，当常规预警雷达受到干扰和其他对抗措施的影响时，该雷达系统对德国防空很有帮助。但由于投入实战太晚，在第二次世界大战中没能起到决定性作用。KH 之所以能利用“本土链”雷达系统，是因为“本土链”有一个重要特征——它的发射机具有宽波束泛光照射功能。

(a)

(b)

图 1.3 （a）1947 年位于荷兰东福尔讷的 KH 雷达系统的天线和掩体；（b）偶极子单元和金属网反射面。
（杰伦·里杰普斯马供图）

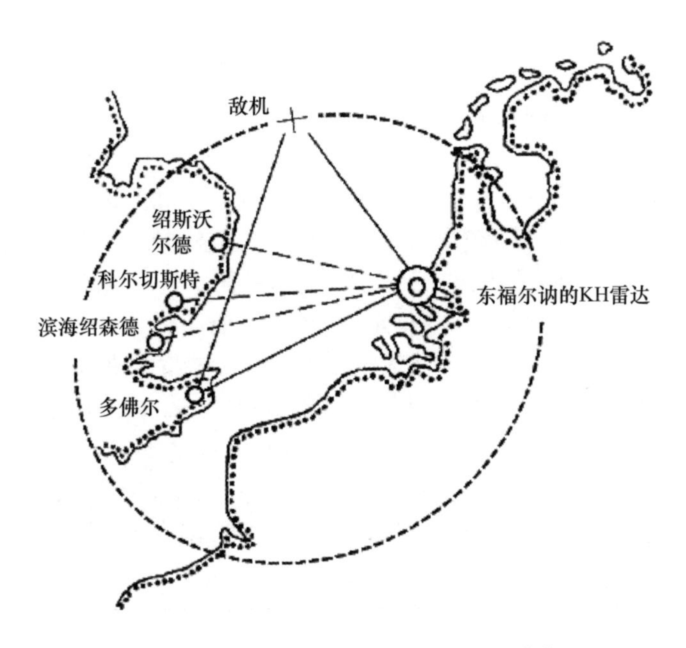

图 1.4 德国 KH 双基雷达系统示意图[17]

第二次世界大战结束后，人们对双基雷达的关注减弱，这是因为双基雷达操作十分复杂，除了一些特定的应用场景外，它并没有任何显著的优势或能力。尼古拉斯·威利斯（Nicholas Willis）与人合编了两本关于双基雷达的经典书籍[1,18]，并编写了斯科尼克（Skolnik）所著的《雷达手册》[19]中的双基雷达章节，他认为双基雷达经历了 3 次复兴。

在第一次复兴中，美国于 1957 年部署了 AN/FPS－23Fluttar 作为双基预警栅栏，用于探测远程预警（DEW）线上的飞机；于 1967 年部署了 440－L 超视距（OTH）前向散射系统，用于探测弹道导弹发射；并部署了 3 套多基系统：甚高频（VHF）无源测距多普勒雷达、微波多普勒测试场仪表雷达以及分布在美国各地的大型空间监视（SPASUR）卫星跟踪雷达，其中 SPASUR 卫星跟踪雷达在连续服役 50 年后于近年退役。也许双基雷达最重要且持续的贡献是防空导弹制导，这种配置中目标跟踪雷达照射目标，导弹携带接收机，通常称为半主动寻的。此外，通过打开照射源、目标和导弹之间的双基角度，可以大大减少目标闪烁，这一因素对脱靶量影响很大。

在第二次复兴中，于 1967 年开始部署廉价的背负式双基雷达来测量月球和行星表面，并持续了将近 40 年。在此期间的一项主要活动是研制和测试了多种双基雷达配置，以应对英美单基雷达所面临的反向干扰和反辐射导弹（ARM）威胁。虽然许多试验取得了成功，但都没有实际部署。这是因为存在其他更简单、成本更低的解决方案，例如诱饵、能够减少发射场定位误差的 GPS 以及来自防区外单基雷达的高速专用通信链路。1980 年，美国夸贾林导弹试验靶场安装了一部多基雷达，名为多基测量系统，旨在减少单基横程测量误差，该系统在成功使用 13 年后拆除。

在第三次复兴时，双基技术得到进一步研究、开发和测试，包括提高合成孔径横程测量精度的自动对焦算法，改进运动目标杂波抑制探测的空时自适应处理技术，利用商业广播发射机进行低成本、隐蔽的防空监视以及利用单基气象雷达生成机场周围的全矢风场。20 世纪 90 年代中期部署了两套双基系统：一是华盛顿大学开发的"马纳斯塔什山脊"雷达（MRR），该雷达使用调频广播发射机来研究电离层中的湍流；二是俄罗斯"斯特鲁纳－1"（Struna－1）前向散射栅栏，用于检测低空飞行的飞机并提供有限的非机动目标状态估计。

这些结果预示着双基雷达系统将进一步实用化，这是因为双基雷达的性能优点在一些应用中得到充分体现，并且此时的技术，特别是处理能力，允许实现这些优点。无源雷达本质上是一种双基雷达，它是第三次复兴的主要驱动因素之一。

20 世纪 50 至 60 年代有关雷达的研究在出版物中鲜有提及，主要是因为研究工作本身比较有限，同时也是因为这一阶段的研究几乎都是保密的。里滕巴赫（Rittenbach）和菲什拜因（Fishbein）在 1960 年发表的论文里描述了一个概念[20]，这一概念使用由地球同步卫星携带的发射机，这台发射机以 100W 的功率级发出随机调制的连续波信号。该系统设计用于探测地面车辆目标，接收机采用两副天线，一副天线直接指向卫星接收直达波，另一副天线接收目标回波。相关处理包括目标回波和直达波之间的互相关运算，但是论文中没有给出任何关于实际试验或结果的信息。

在文献[21]中，莱昂提到了美国 20 世纪 60 年代部署的一个超视距高频（HF）无源双基项目——Sugar Tree 系统。该系统用于检测苏联的导弹发射，其发射机位于发射场附近，因此直达波和目标回波都需要通过天波传播到远程接收机，这一系统近年来才解密[22－23]。

20 世纪 80 年代初，伦敦大学学院的研究人员在希思罗机场对搭车利用空管雷达信号的双基雷达系统进行了演示[24]，其中空管雷达的频率约 600MHz。他们的研究中演示了使用数字波束形成阵列可实现实时同步、相干动目标显示（MTI）和脉冲追赶，并由此推断 UHF 电视发射信号应该也可以用作双基雷达照射源，因为其功率高、频带相对较宽（约 6MHz）且频率与空管雷达相似。这项研究对无源雷达的相关概念进行了最早的实验演示[25]，但也指出了使用占空比 100%、具有强周期性（与信号的行扫描速率相关）的信号所存在的困难。当时电视台不是每天 24h 发射信号，而是在每天开播之前，先播放一张图像测试卡用于电视接收机校准。在双基雷达实验中，也可以安排BBC发送具有良好雷达特性波形的特殊测试卡。

自20世纪90年代起，出现了一批重要的文献。奥格尼克(Ogrodnik)在美国纽约州罗马市的美国空军研究实验室展示了一种用于空中监视的低成本便携式无源雷达系统[26]。1999年，豪兰(Howland)发表了其研究内容[27]，展示了利用电视信号可检测并跟踪飞机目标。他的系统仅使用图像载波，测量雷达回波的多普勒频移和到达角(而不是距离)，克服了模拟电视波形的局限性。将多普勒和到达角信息输入扩展卡尔曼滤波跟踪过程中，结果证明该系统可对英国东南部广阔区域内的民用飞机进行跟踪。2005年，另一份重要文献显示，使用单个VHF调频发射机和单台接收机可检测并跟踪距离超过100km的飞机目标[28]。

从那时起，无源雷达的研究稳步增长。由于接收机硬件成本相对较低，并且不存在许可或高功率发射机的问题，因此这是一个特别适合大学课题组开展研究的课题。其中许多实验利用了调频无线电信号，也有利用高频广播、数字电台和电视、手机基站、Wi－Fi和WiMAX以及各种卫星信号的情况。数字调制格式的引入是一个重要的进步。2009年，美国关闭了模拟电视传输。2011年11月29日，法国停止了所有模拟信号服务。随后，日本于2012年3月31日同样停止了模拟信号服务，之后其他许多国家也先后停止了类似服务。挪威调频无线电传输从2017年1月开始关闭服务，并于2017年12月全部关停。

“马纳斯塔什山脊”雷达是一种使用单个调频无线电发射机的无源雷达，由西雅图华盛顿大学建造并用于电离层物理研究[29－30]。无源雷达(尤其是使用调频无线电照射源的无源雷达)特别适用于该用途，因为接收系统成本低，频率(约100MHz)也很合适。通过将接收机布置在山脉的背面，解决了接收机处直达波抑制的问题。该系统可在1200km以外的距离连续监测电离层(图1.5)，说明无源雷达可作为一种低成本的遥感方式，在一系列应用中具有较高的吸引力。

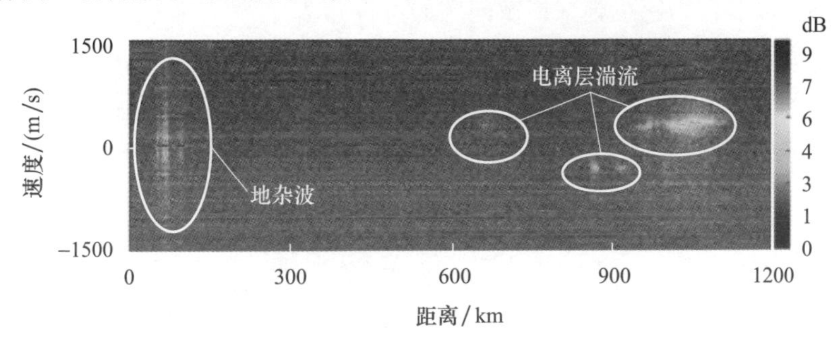

图1.5　以距离－多普勒图形式呈现的“马纳斯塔什山脊”雷达输出示例(约翰·萨尔供图)

20世纪90年代末到21世纪初,美国的洛克希德·马丁公司研制了一套名为"沉默哨兵"的无源雷达系统[31]。该系统使用调频无线电照射源,可实时跟踪多个飞机目标,也可实时检测到从卡纳维拉尔角发射的火箭。最近,许多其他公司也开发并演示了自己的无源雷达系统,包括法国泰雷兹公司的"国土警戒者"、意大利莱昂纳多公司的AULOS(图1.6)以及德国亨索尔特公司(HENSOLDT,前身为空客集团防务及航天公司)的多频段调频/数字音频广播/数字视频通信(FM/DAB/DVT)系统。

图1.6　意大利莱昂纳多公司AULOS无源雷达的天线(天线塔处于收起位置,两个阵列覆盖了调频(FM)无线电和地面数字电视(DVB-T)波段)

这些新发展标志着无源雷达技术日臻成熟。与过去的系统相比,无源雷达系统可利用多种发射信号,并实现了更大的覆盖范围和更高的可靠性。这意味着人们正认真考虑将这些系统用于空中交通管制等用途,填补传统雷达覆盖区域的空白,以及作为解决频谱拥塞问题的可行办法[32]。

无源雷达的研究得益于北约的一些任务组在该领域开展的各方面工作,也得益于欧盟科学计划下的一些实质性项目。这在一定程度上解释了为什么欧洲国家对无源雷达的关注度和活跃度如此高。

1.3　方法和范围

本书旨在提供关于无源雷达的最新介绍,重点描述了实际应用的系统和处理技术,适合相关行业从业人员或高校研究生使用。

本书第 2 版对内容进行了更新，增加了自 2017 年第 1 版出版以来新报道的研究成果，同时新增了两个章节，分别描述单频网络和移动平台上的无源雷达。

本书后续章节的结构如下。第 2 章介绍了双基雷达的特性，其中许多特性来自双基几何关系。本章还推导了双基雷达距离方程，并对目标和杂波的双基雷达散射截面进行了处理。

第 3 章介绍了无源雷达照射源的一些重要特征，并描述了一系列照射源。研究发现模拟波形可能具有时变模糊函数的特征，并取决于节目内容特性，而数字调制格式则更类似于噪声，因此作为雷达信号是更好的。同样重要的还有照射源的垂直面覆盖范围，特别是在检测和跟踪空中目标时。

第 4 章描述了在数字广播应用中日益普遍的单频网络，以及在无源雷达系统中利用单频网络所必需的处理。

第 5 章讨论了无源雷达接收机的直达波抑制问题。直达波的电平可以高达 100dB，甚至高于噪声电平，因此对无源雷达接收机的动态范围要求非常严格。

第 6 章综合考虑上述所有因素，通过了解在基本雷达方程中输入怎样的值才是正确的，以及假设与近似有何效果，来说明如何真实预测无源雷达系统的性能。

第 7 章是关于无源雷达的目标检测与跟踪问题。每对发射机－接收机提供的信息可以包括双基距离、多普勒频移和到达方向中的一个或多个，但要将这些信息组合起来实现对多个目标的可靠跟踪并不容易。

第 8 章讨论的应用中，无源雷达接收机由无人机（UAV）之类的移动平台搭载，这使许多潜在的新功能成为可能，包括雷达成像。

第 9 章给出了一系列实际应用的无源雷达系统及结果示例，顺序与第 3 章中讨论的发射机类型一致。

第 10 章讨论了未来发展和应用。无源雷达作为一个热门话题，其未来发展值得期待。

参考文献

[1] Willis, N. J., and H. D. Griffiths, *Advances in Bistatic Radar*, Raleigh NC: Sci－Tech Publishing, 2007, pp. 78－79.

[2] Glaser, J. I., "Fifty Years of Bistatic and Multistatic Radar", *IEE Proc.* Pt. F, Vol. 133, No. 7, December 1986, pp. 596－603.

[3] Appleton, E. V., and M. A. F. Barnett, "On Some Direct Evidence for Downward Atmospheric

Reflection of Electric Rays", *Proc. Roy. Soc.*, Vol. 109, December 1925, pp. 621 – 641.

[4] Letter from Edward Appleton to Balthasar van der Pol, January 2, 1925 (transcribed by B. A. Austin).

[5] Griffiths, H. D., "Early History of Bistatic Radar", *EuRAD Conference 2016*, London, October 6 – 7, 2016.

[6] Blanchard, Y., "A French Pre – WWII Attempt at Air – Warning Radar: Pierre David's 'Electromagnetic Barrier'", *The Radio Science Bulletin*, No. 358, September 2016.

[7] Chernyak, V. S., and I. Y. Immoreev, "A Brief History of Radar in the Soviet Union and Russia", *IEEE AES Magazine*, Vol. 24, No. 9, September 2009, pp. B7 – B30.

[8] Nakajima, S., "The History of Japanese Radar Development to 1945", Chapter 18 in *Radar Development to 1945*, R. Burns, (ed.), London: Peter Peregrinus, 1988.

[9] Von Kroge, H., *GEMA: Birthplace of German Radar and Sonar*, Bristol, U. K.: IOP Publishing, 2000.

[10] Watson – Watt, R. A., *Three Steps to Victory*, Chapter 20, London: Odhams Press, 1957, pp. 107 – 117.

[11] Latham, C., and A. Stobbs, (eds.), *The Birth of British Radar: The Memoirs of Arnold "Skip" Wilkins*, 2nd ed., London: Defence Electronic History Society/The Radio Society of Great Britain, 2011.

[12] Rowe, A. P., *One Story of Radar*, Cambridge, U. K.: Cambridge University Press, 1948.

[13] *Science News Letter*, April 23, 1938.

[14] Griffiths, H. D., and N. J. Willis, "Klein Heidelberg – The First Modern Bistatic Radar System", *IEEE Transactions on Aerospace and Electronic Systems*, Vol. 46, No. 4, October 2010, pp. 1571 – 1588.

[15] Griffiths, H. D., "Klein Heidelberg: New Information and Further Insight", *IET Radar, Sonar and Navigation*, Vol. 11, No. 6, June 2017, pp. 903 – 908.

[16] *Air Scientific Intelligence Interim Report, Heidelberg*, A. D. I. (Science), IIE/79/22, November 24, 1944, UK Public Records Office, Kew, London (AIR 40/3036).

[17] Hoffmann, K. – O., *Ln – Die Geschichte der Luftnachrichtentruppe, Band I/II*, Neckargemünd (in German), 1965.

[18] Willis, N. J., *Bistatic Radar*, 2nd ed., Silver Spring, MD: Technology Service Corp., 1995; corrected and republished by SciTech Publishing, Raleigh, NC, 2005.

[19] Willis, N. J., "Bistatic Radar", Chapter 23 in *Radar Handbook*, 3rd ed., M. I. Skolnik, (ed.), New York: McGraw – Hill, 2008.

[20] Rittenbach, O. E., and W. Fishbein, "Semi – Active Correlation Radar Employing Satellite – Borne Illumination", *IRE Transactions on Military Electronics*, April – July 1960, pp. 268 – 269.

[21] Lyon, E., "Missile Attack Warning", Chapter 4 in *Advances in Bistatic Radar*, N. J. Willis and H. D. Griffiths, (eds.), Raleigh, NC: SciTech Publishing, 2007.

[22] Memorandum, Chief of Naval Research to Chief of Naval Operations, Subject: CW Transmit Site at Spruce Creek, FL, April 29, 1966.

[23] Nicholas, R. G., "The Present and Future Capabilities of OTH Radar", *Studies in Intelligence*, Vol. 13, No. 1, Spring 1969, pp. 53 – 61, Central Intelligence Agency (declassified).

[24] Schoenenberger, J. G., and J. R. Forrest, "Principles of Independent Receivers for Use with Co – Operative Radar Transmitters", *The Radio and Electronic Engineer*, Vol. 52, No. 2, February 1982, pp. 93 – 101.

[25] Griffiths, H. D., and N. R. W. Long, "Television – Based Bistatic Radar", *IEE Proc.*, Pt. F, Vol. 133, No. 7, December 1986, pp. 649 – 657.

[26] Ogrodnik, R. F., "Bistatic Laptop Radar: An Affordable, Silent Radar Alternative", *IEEE Radar Conference*, Ann Arbor, MI, May 13 – 16, 1996, pp. 369 – 373.

[27] Howland, P. E., "Target Tracking Using Television – Based Bistatic Radar", *IEE Proc. Radar, Sonar and Navigation*, Vol. 146, No. 3, June 1999, pp. 166 – 174.

[28] Howland, P. E., D. Maksimiuk, and G. Reitsma, "FM Radio Based Bistatic Radar", *IEE Proc. Radar, Sonar and Navigation*, Vol. 152, No. 3, June 2005, pp. 107 – 115.

[29] Sahr, J. D., and F. D. Lind, "The Manastash Ridge Radar: A Passive Bistatic Radar For Upper Atmospheric Radio Science", *Radio Science*, Vol. 32, No. 6, 1997, pp. 2345 – 2358.

[30] Sahr, J. D., "Passive Radar Observation of Ionospheric Turbulence", Chapter 10 in *Advances in Bistatic Radar*, N. J. Willis and H. D. Griffiths, (eds.), Raleigh, NC: SciTech Publishing, 2007.

[31] Baniak, J., et al., "Silent Sentry Passive Surveillance", *Aviation Week and Space Technology*, June 7, 1999.

[32] Griffiths, H. D., et al., "Radar Spectrum Engineering and Management: Technical and Regulatory Approaches", *IEEE Proceedings*, Vol. 103, No. 1, January 2015, pp. 85 – 102.

第2章

无源雷达原理

2.1 概述

本章将介绍无源雷达具有的哪些基本特性使它拥有了目标检测与定位能力。无源雷达利用机会照射源对一个或多个目标进行照射，并使用远离该照射源的接收机来捕获散射的辐射。无源雷达系统的基本构成如图2.1所示。

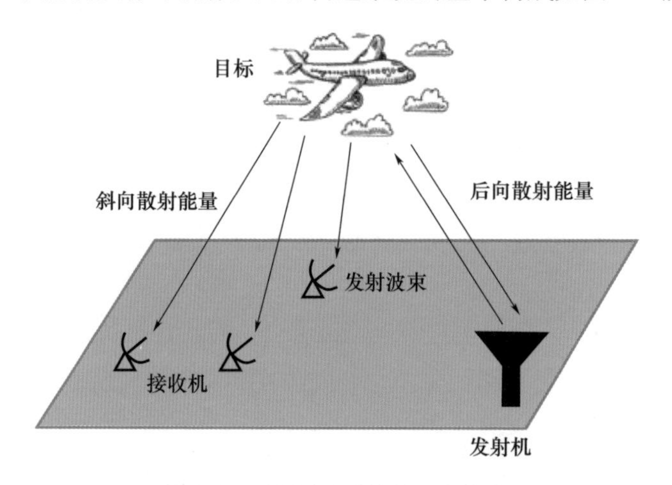

图2.1　无源雷达系统的基本构成

在图2.1中，照射源恰好是一套现成的雷达系统，而多台无源接收机则构成了一个双基附属网络。接收机系统（包括天线）的位置和设计以及照射源的选择，将决定系统的性能和应用。无源雷达几乎可以利用所有类型的射频（RF）照射源，下至Wi-Fi路由器，上至天基全球定位系统（GPS）发射机，以及介于这两者之间的所有照射源。事实上，研究文献中描述的大量无源雷达系统几乎涵盖了所有可能的照射源。因此，人们会认为无源雷达与传统的单基雷达类似，它们都涵盖了广泛的工作频率、系统设计和应用类型。但在实际应用中，最受青睐的照射源的范围还是比较有限,其中主要是高功率 VHF 无线电广播和 UHF 数字电视(DTV)两类发射信号,这两种照射源都有助于远距离检测飞机。鉴于此,本章在阐释无源雷达的基本原理时,主要以 VHF 和 UHF 机会发射机为例。不过无源雷达也利用了许多其他类型的照射源,在第 3 章中将介绍这些照射源的特性。本章将介绍对于无源雷达系统设计和性能有根本影响的因素。事实上,无源雷达最基本的特征之一是所使用的发射机 - 接收机的几何关系千变万化,下面先对这些几何关系进行阐述。

2.2　双基和多基几何关系

无源雷达可使用一个或多个机会照射源以及一个或多个接收系统,而且雷达接收机位置必然会远离各个照射源,原因可从下文看出来。任意一个照射源和任意一台接收机均可形成双基对,多个双基对则构成了整个无源雷达系统或无源雷达网络。因此,可以从双基雷达的角度来阐释无源雷达的性能。照射源和接收机之间的间隔距离称为无源雷达系统的基线,所以包含多个照射源和/或多台接收机的网络会具有多条接收机基线。图 2.2 是美国俄亥俄州哥伦布市 VHF 无线电广播发射机和 UHF 数字电视广播发射机的位置示意图。从任意 VHF 或 UHF 发射机引出一条线连到接收机,就可以得到无源雷达网络的一条基线。因此,多条基线在多个方向上呈放射状展开,且不同发射机 - 接收机组合的基线长度不同。图 2.2 中的发射机和接收机位置布局是一种典型的无源雷达几何关系。在这种几何关系中,即使只有一台接收机,也有多个机会照射源可供使用;换言之,即使只使用一台接收机,所形成的无源雷达系统通常也是多基雷达。

多基网络中,发射机和接收机所在位置称为节点。如果只使用一台接收机,则无源系统的结构可保持相对简单,软硬件成本也相对较低。如果只使用一个照射源,那么就回到了双基无源系统的问题,可用基本双基雷达理论来解释。如果有多个照射源,则可将无源系统看作一组互相连接的双基雷达。在这种情况下,仍然可以使用简单的双基雷达理论来计算单个双基对的性能,然后再将这些双基对的计算结果进行综合,从而得出整个系统的性能。因此,为便于理解,本章将无源雷达简化为典型的双基构型,以便更好地理解决定系统工作和性能的基本因素。这种方法以及关于双基雷达的描述与威利斯在文献[1]中采用的方法和描述大致相同。威利斯针对常见的双基雷达提供了更详细的参数说明,在他的精彩著作中还包含了其他细节。而本章则聚焦于与决定无源雷达性能最密切相关的因素,从无源雷达的双基几何关系的一个例子开始[2],如图 2.3 所示。

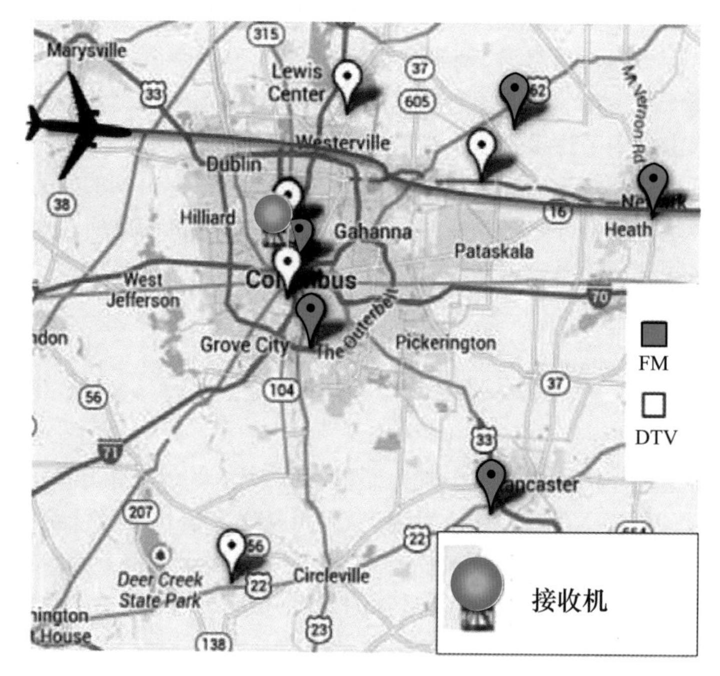

图 2.2　哥伦布市内 VHF 无线电广播发射机(蓝色)和 UHF 数字电视广播发射机(白色)的分布、俄亥俄州立大学内的无源雷达接收机以及典型的飞机航路

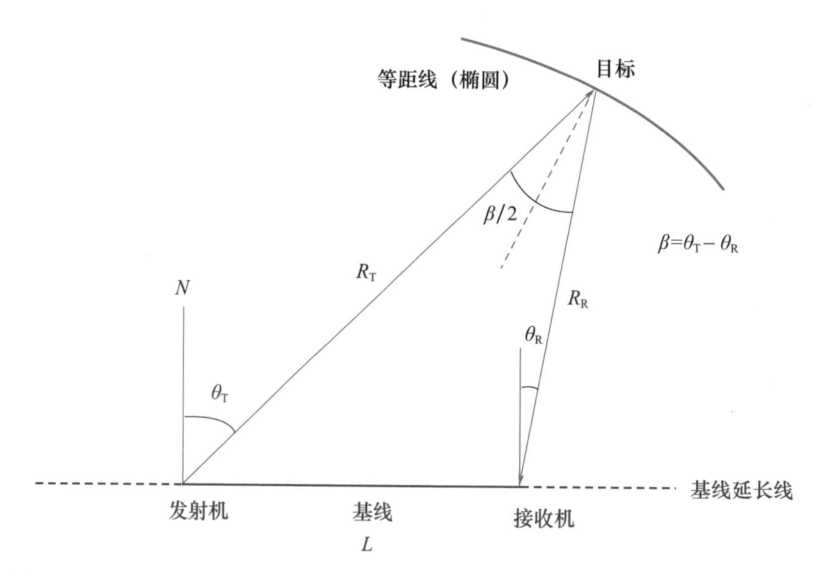

图 2.3　无源雷达双基几何关系(目标速度为 v,与双基角 β 的二等分线形成角 δ)

这是一种基本的无源雷达双基几何关系,其中包括一个机会照射源和一台接收机,多个关键术语的定义如下。发射机和接收机之间的距离是基线 L。发

射机到目标的距离是目标距离 R_T,目标到接收机的距离是接收机距离 R_R。发射机到目标连线与目标到接收机连线之间的夹角是双基角 β。双基角的二等分线即图中的虚线,将双基角平分为二。发射机指向角 θ_T 和接收机指向角 θ_R 可定义为相对于某个公告的参考方向(如北向或图2.3所示的垂直方向)的角度。θ_T 和 θ_R 分别表示发射机天线和接收机天线的指向角(注意:如果机会发射机是全向的,则 θ_T 范围可达360°)。依据简单的几何原理,可直接得出 $\beta = \theta_T - \theta_R$。对于给定的目标速度矢量 $\boldsymbol{v}$,$\boldsymbol{v}$ 的方向与双基二等分线之间的夹角用 δ 表示。对于发射机和接收机位于固定位置的多基无源雷达系统,这些参数可完全定义其中单个双基对的几何关系。请注意,这些参数可以进一步推广,同样适用于移动的发射机和接收机。但移动发射机和接收机的情况较为复杂,所以暂时放到一边,本章聚焦于大部分无源雷达系统的基本原理。

2.2.1 覆盖范围

照射源的辐射和接收天线波束之间的交叉区域就是无源雷达系统的覆盖范围。覆盖范围是系统性能的一个基本要素,不管用于什么领域,都是需要首要考虑的因素。在本章中,根据使用的最典型机会照射源类型来研究无源雷达的覆盖范围。无源雷达的机会照射源通常会把功率指向用户群体。例如,地面上任何地方都有电视和无线电广播的用户,因此其照射源的辐射方向图在方位上接近全向,且尽可能向下、向外辐射。但是,由于VHF和UHF波段使用的频率相对较低,这就意味着向上方向必然会有严重的辐射泄漏,空管和防空就可以很好地利用这一点。很多机会照射源在方位上趋于全向,即在所有方向上平均地发射信号。但还有一些照射源具有高度的定向性,如扫描雷达,这些照射源按照扫描角函数,将其照射功率分配到所有方位角。

2.2.2 直达波抑制

像VHF无线电和UHF电视台之类的全向照射源会向所有方向发射信号,所以不可避免的是部分发射信号不经目标反射,直接到达接收机。这种信号沿无源雷达几何关系中的基线传输(图2.3),称为直达波。直达波仅有单向传输损耗,衰减量为 $1/L^2$(其中 L 是发射机和接收机之间的基线距离),所以接收到的这种信号会非常强。这在无源雷达的设计和运行中既有好处也有坏处。好处在于,直达波由单独的天线和接收系统(直达通道)接收,可用作计算双基时延或双基距离(从照射源到目标再到接收机的距离)的时间基准。将直达波用作时间基准的做法通常称为相干接收。相干接收可将监测通道中目标信号的相位与从直达通道导出的起始相位相关联。这意味着,对于仅由目标和杂波运动引起的相位变化,可以类似于传统相干脉冲多普勒单基雷达的方式来检索和使用。

实际上，下面很快就会提到，无源雷达通常高度依赖相位，依靠多普勒分辨率而不是距离分辨率来检测和分辨目标。

当直达波泄漏到用于检测目标的天线中（即监测通道中）时，由于其强度通常大于来自目标的弱回波，所以直达波的存在不利于目标检测。一般而言，直达波非常强，即使在监测通道中已经采取了各种措施来削弱直达波，它仍然是一种强度与目标弱回波相当的干扰源，所以会限制最大检测距离。在监测通道中接收到直达波称为直达波干扰。理想情况下，这种直达波干扰必须降到接收机噪声电平以下。如果能够实现这一点，则可以避免缩短给定雷达截面积的目标的最大检测距离。第5章将详细讨论如何降低监测通道中的直达波干扰。

2.3 双基距离和多普勒

对所有雷达系统而言，距离和多普勒频率的测量以及距离分辨率和多普勒分辨率都是最基本的属性，它们是决定检测和跟踪性能的关键，无源雷达也不例外。因此，本节将对距离、多普勒频率以及距离分辨率和多普勒分辨率进行探讨。通过实例来说明这些参数在无源雷达中的作用，以及无源雷达与传统单基雷达的区别从何而来。

2.3.1 距离测量

参考图2.3，直达波和目标回波之间的距离或时延可称为双基距离或等效双基时延，表达如下：

$$R_T + R_R - L \tag{2.1}$$

式中：$R_T + R_R$ 为距离和。双基距离（或时延）是任何无源雷达都能进行的基本测量。总体而言，双基接收机可测量的参数主要有3个。

（1）直达波与发射机－目标－接收机路径的距离差（双基距离）；

（2）接收的回波的多普勒频移 f_D；

（3）接收的回波的到达角 θ_R（假如使用定向监测通道天线）。

恒定双基距离 $R_T + R_R$ 的等距离线呈椭圆形，发射机和接收机位于两个焦点处。这与单基雷达不同，单基雷达的发射机和接收机位置重合，意味着等距离线呈圆形。如果基线 L 已知，则可以通过测量值 $R_T + R_R - L$ 得出距离和 $R_T + R_R$。如果测得 R_R，则目标到接收机的距离可以通过简单的几何关系得出，并根据已知的量和测得的量给出 R_R 为

$$R_R = \frac{(R_T + R_R)^2 - L^2}{2(R_T + R_R + L\sin\theta_R)} \tag{2.2}$$

研究文献中的绝大多数无源雷达系统,利用了方位角为全向的照射源,而接收天线的方向性通常非常粗糙(几十度或更大),这主要是因为,当发射频率较低时,就需要较大物理尺寸的天线结构,才能实现较好的方向性。因此,这意味着距离和可以精确测量,但目标方向只能粗略掌握,或许只能知道在哪个方位象限内,甚至有可能更差。

距离测量的精度由以下因素共同决定:相干接收技术的有效性、发射信号的带宽、接收天线的波束宽度、接收机的信噪比以及传播环境的一切影响(包括直达信号穿透波的影响)。

2.3.2　距离分辨率

按照文献[1]第 7 章中的方法,传统单基脉冲雷达的距离分辨率可用 $\Delta R = c\tau/2$ 表示,其中 c 是传播速度,τ 是压缩脉冲长度。这个公式可以改写为 $\Delta R = c/2B$,其中 B 是发射信号的带宽。因此,在单基雷达系统中,可以用间隔为 ΔR 的一系列同心圆从距离上区分各个目标。

在无源雷达中,双基几何关系会形成一组同心椭圆。在评估无源雷达的距离分辨率时,必须额外考虑与单基雷达的这种差异。如果有两个目标位于双基基线的延长线上,并且位于由距离分辨率分隔出来的两个连续双基椭圆上,则双基雷达与单基雷达对这两个目标的分辨能力相同(假设信号带宽相同)。然而,如果这两个目标位于基线外的任意位置,但与双基二等分线共线(图 2.4),则距离分辨率的近似表达式为

$$\Delta R = \frac{c}{2B\left(\frac{\cos\beta}{2}\right)} \tag{2.3}$$

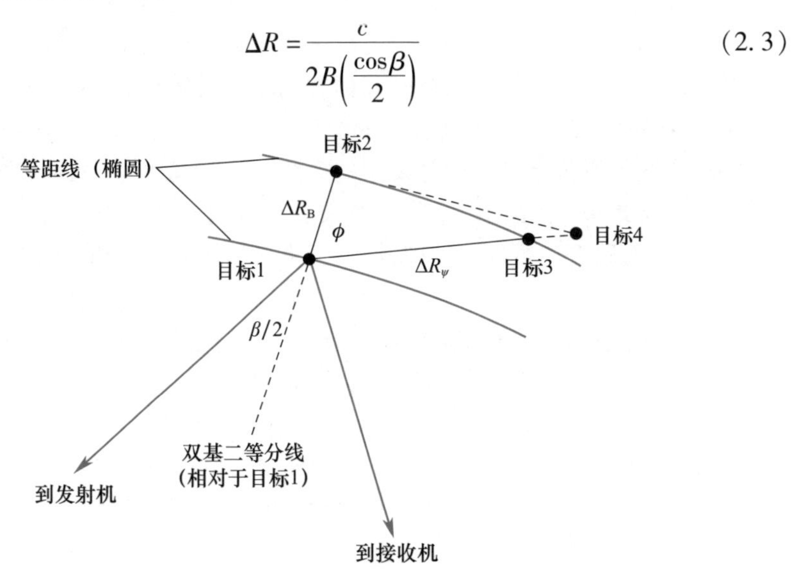

图 2.4　双基距离分辨率几何关系

请注意，以上第二种情况仍然是一种特殊情况，为双基距离分辨率的定义带来了不必要的限制。更普遍的情况是这两个目标与双基二等分线并不在一条线上，此时无源雷达的距离分辨率可用一个更通用的近似表达式表示：

$$\Delta R = \frac{c}{2B\left(\frac{\cos\beta}{2}\right)\cos\phi} \tag{2.4}$$

式中：ϕ 为双基二等分线与两个目标连线之间的夹角，如图 2.4 所示。注意，当这两个目标位于双基基线延长线上时，式(2.4)又回到了单基雷达的距离分辨率表达式。

但一般而言，可以从式(2.4)得出一个结论，即双基(或多基)雷达几何关系中的距离分辨率比同等情况下单基雷达的距离分辨率低(假设信号带宽相同)。从式(2.4)中还可以进一步看出，双基分辨率是目标相对位置(相对于发射机和接收机位置)的函数。当双基二等分角非常小，例如目标距离非常远或发射机-接收机对间隔很近时，椭圆开始近似于圆，双基系统的特性会越来越接近单基系统。如此就能够采用单基雷达的许多概念，也便于按单基雷达的工作原理进行理解，这是一个优点，但是因双基雷达几何关系而产生的优点会被削弱。当双基二等分角非常大，例如目标距离非常近或基线长度非常长时，椭圆的曲率会变得非常大，双基几何关系开始对检测性能产生主导影响，与单基雷达的检测性能差别会变大。

最后，当双基二等分角接近 90°时，距离分辨率 ΔR 接近无穷大。换句话说，分辨率完全丢失。这是一种称为前向散射的特殊情况，通常是单独处理的。然而，对于无源雷达网络，即使有一个目标进入了某个收发对的前向散射范围，该目标仍将位于另一个收发对的双基几何关系中。总体而言，从单基雷达到前向散射几何关系，存在一个分辨率连续区。出于实用目的，可以采用经验法则，将分辨率的上限设置为单基系统分辨率的 2 倍。超过这个上限，前向散射几何关系开始占主导地位，则由另一个收发对来进行检测。在更先进的无源雷达方案中，也会尝试对数据进行连续处理，而不会将双基几何关系和前向散射几何关系视为两个单独的工作区域。

在无源雷达中，带宽和相应的距离分辨率也会有很大的变化。例如，较早的 VHF 模拟信号带宽通常只有几百千赫兹，且提供的距离分辨率非常低，只有几千米的量级。现代的数字信号，例如高清电视(HDTV)信号，具有更高的带宽(6~8MHz)，可提供 20m 量级的距离分辨率。HDTV 信号通常功率较高(例如美国 HDTV 信号功率高达 1MW)，与 VHF 信号相比，它基于距离和速度可实现的目标分辨率水平要高得多。由于系统通常很少依赖接收天线的分辨率，因此这一点将变得尤其重要。在使用 VHF 信号的情况下，必须更多地依赖多普勒分辨率。

2.3.3　多普勒测量

一般情况下，当发射机、目标和接收机都在移动时，根据发射机 - 目标 - 接收机路径距离的变化速率可得到回波的多普勒频移。如果发射机和接收机是静止的，请参考图 2.3。接收的回波的多普勒频移可表示为

$$f_{\mathrm{D}}=\frac{2V}{\lambda}\cos\delta\cos(\beta/2) \tag{2.5}$$

可以看出，如果目标正在经过前向散射几何关系中的双基基线，则无论目标速度的方向或大小如何，$\beta=180°$，$f_{\mathrm{D}}=0$。在物理上可以这样理解，当目标正在经过基线时，发射机到目标距离的变化与目标到接收机距离的变化大小相等、方向相反，因此发射机 - 目标 - 接收机路径距离不会发生变化；相反，最大多普勒线与恒定距离线（2.2.3 节提到过，等距离线呈椭圆形）的方向正交。这意味着在无源双基雷达中，最大多普勒线将为双曲线，这与单基几何关系不同。在单基几何关系中，恒定距离线呈圆形，因此最大多普勒线就是半径。尽管无源双基雷达的最大多普勒线和等距离线稍微复杂一些，但它们可以用众所周知的数学公式来表示，具有完全的确定性。

检验无源雷达公式的一种最佳方法是，如果将双基角设为 0，则这些公式与单基情况一致。例如，当 $\beta=0$ 时，式（2.5）恢复为单基情况。还要注意，当 $\delta=\pm\beta/2$ 时，目标朝发射机或接收机运动。此外，当 $\delta=0°$ 或 $180°$ 时，目标以双基二等分角朝向或远离基线运动。

2.3.4　多普勒分辨率

与单基雷达一样，无源雷达的多普勒分辨率由积分时间 T 决定。积分时间和多普勒分辨率之间呈反比关系（积分时间越长，多普勒分辨率越高）。无源雷达通常在凝视模式下工作，在此模式下，目标被连续照射，因此回波被连续接收。这样就可以选择较长的积分时间，多普勒分辨率可达到很高。同样，按照威利斯[1]的方法，多普勒分辨率可表示为：

$$|f_{\mathrm{Tgt1}}-f_{\mathrm{Tgt2}}|=\frac{1}{T} \tag{2.6}$$

其中

$$f_{\mathrm{Tgt1}}=2(V/\lambda)\cos\delta_1\cos(\beta/2)$$

而

$$f_{\mathrm{Tgt2}}=2(V/\lambda)\cos\delta_2\cos(\beta/2)$$

假设速度分别为 V_1 和 V_2 的两个目标位于相同的位置，如图 2.5 所示，且这两个目标的双基二等分线相同，那么就有

$$\Delta V = V_1 \cos\delta_1 - V_2 \cos\delta_2 \tag{2.7}$$

$$\Delta V = \frac{\lambda}{2T\cos(\beta/2)} \tag{2.8}$$

式中：ΔV 为投射到双基二等分线上的两个目标速度矢量的差，如果多普勒分辨率足够高，则可以基于两个目标的不同相对速度来区分这两个目标。

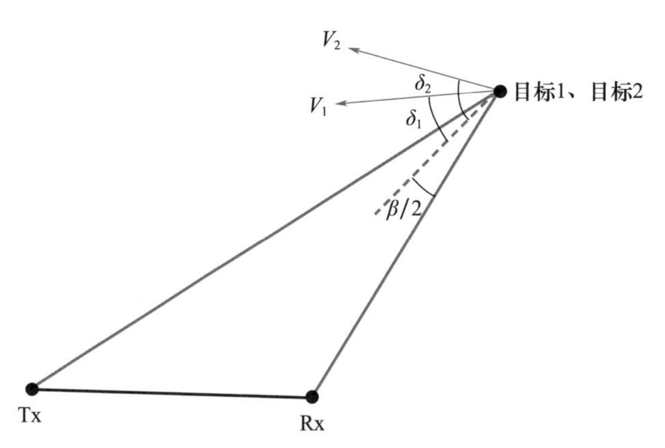

图 2.5　双基多普勒分辨率几何关系

Tx—发射机；Rx—接收机。

由于无源雷达是一种凝视照射系统，因此可以选择很长的积分时间，通常为 1s 的量级。这不仅提高了接收信噪比，而且提供了很高的多普勒分辨率，可达 1Hz 量级。在窄带 VHF 无源雷达系统中，可以利用较长的积分时间去除杂波和单独观察多个目标。较长的积分时间还有助于克服信号带宽相对不足的问题以及由此导致的较低距离分辨率。HDTV 信号的带宽更宽，且距离分辨率更高，这就可能要求对积分时间进行限制，以避免快速移动的目标穿过多个距离单元。但针对这种问题用专门为此设计的先进处理方法能够缓解。

也可以利用 VHF 和 UHF 发射信号来检测飞行器运动部件（如螺旋桨叶片和喷气式发动机涡轮叶片）的微多普勒反射。图 2.6 所示为西锐 SR－22 涡桨飞机的目标特征，这是由一个双基对测量的，该无源雷达利用 UHF 波段的 DTV 信号进行测量。图 2.6 显示了西锐 SR－22 涡桨飞机以约 65m/s 的速度飞行时的距离－多普勒图，其中双基距离 4km。螺旋桨叶片引起的微多普勒散射表现为飞机主体回波某一侧的边带。从边带的间距可知关于螺旋桨旋转速率的信息。同时注意，杂波的空间范围约为 1km，多普勒范围约为 ±20m/s，导致在图中所示的该区域中进行目标检测变得极具挑战。多普勒范围主要由地面动目标和多普勒地杂波零外溢共同引起。图 2.6 中的积分时间为 0.1s，得到的多普勒分辨率为 10Hz，这使该飞机运动部件的散射具有显著的积分增益，使运动部件能够更容易被检测到。

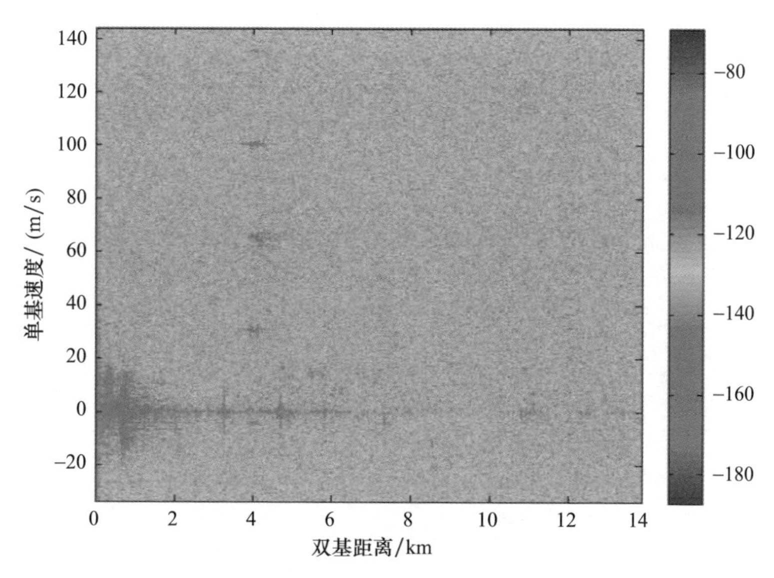

图 2.6　西锐 SR－22 飞机的无源雷达回波的距离－多普勒图
（图中可见因螺旋桨旋转而产生的多普勒边带）

2.4　多基无源雷达距离和多普勒

多基无源雷达中包含分布于多个地理位置的多台发射机和接收机。无源雷达网络综合了从不同方向观测目标的多个双基测量结果，因此后续对目标信息的提取会得到改善。多基网络可以分解成一系列互联协作的双基雷达，将本章前文中有关距离和多普勒的所有阐述应用于每个双基对，通过综合各双基对的结果就可以评估多基网络的总体性能。因此，以在选定的应用场景下实现最优性能为目标，可以用双基雷达理论来设计多基系统。

图 2.7 展示了一套简单得多基雷达系统，含两台发射机和一台接收机。这套多基雷达系统由两个双基系统组成，每个双基系统提供目标不同方向的视野，所以整个多基雷达系统将在两个距离、多普勒、角分辨单元中同时提供多个双基视野（该例中为两个视野）。如 2.3 节所述，从接收机到目标的距离由一对发射－接收节点确定，可通过测量发射信号和接收信号之间的时延 Δt 得到，$|R_{\mathrm{T}}+R_{\mathrm{R}}|-L=c\Delta t$。

为了最大化多基无源雷达系统的灵敏度，必须对从每个双基对接收的信号进行相干组合，使这些信号按时间跟随目标位置的变化而变化，从而可计算出每个双基对中的相位变化。假设每个信道中接收的信号可以被相干组合，则总基带信号可以表示为

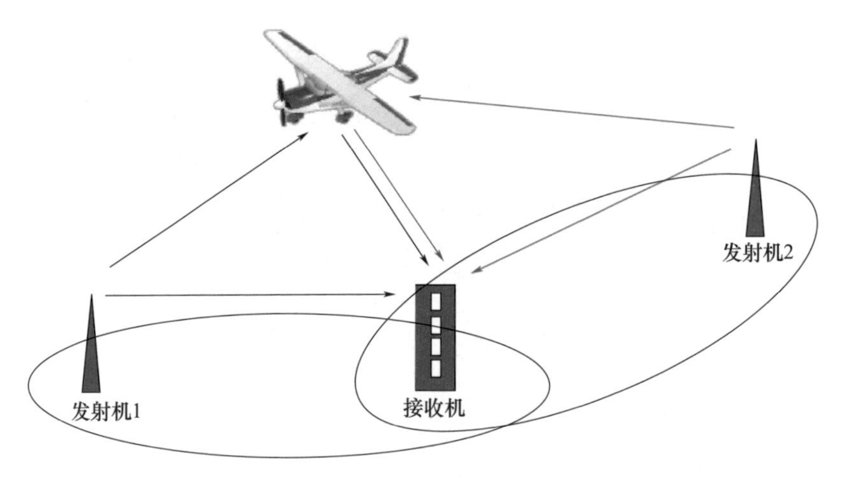

图 2.7　包含两台发射机和一台接收机的多基雷达系统

$$S_r(t)=\sum_{n=1}^{N}A_n\exp\{-\mathrm{j}\Phi_n(t)\}=\sum_{n=1}^{N}A_n\exp\left\{-\mathrm{j}\frac{2\pi f[R_{\mathrm{T},n}(t)+R_{\mathrm{R},n}(t)]}{c}\right\} \tag{2.9}$$

式中:N 为信道总数;A_n 为振幅;$\Phi_n(t)$为第 n 个信道中信号的相位函数;$R_{\mathrm{T},n}(t)=|R_{\mathrm{T},n}(t)|$为第 n 台发射机到目标的距离;$R_{\mathrm{R},n}(t)=|R_{\mathrm{R},n}(t)|$为目标到第 n 台接收机的距离。

无源雷达网络中的相干组合很复杂,而且因为发射信号通常不是为雷达同步工作而设计的,所以一般不会选择相干组合。但在单频发射机网络中可能实现相干组合(第 4 章)。在利用以不同频率发射且发射间隔较宽的信号时,仍可融合各个距离和多普勒测量结果,为目标的检测和定位提供额外信息,这一课题正在研究中。

如上文所述,像喷气式飞机、涡桨飞机和直升机等目标会通过旋转或移动部件产生微多普勒调制。采用组合基带信号的时间导数可得到多基微多普勒的表达式:

$$f_{mD_{\mathrm{Multi}}}(t,P)=\sum_{n=1}^{N}A_n f_{mD_{\mathrm{Bi}}}(t,P) \tag{2.10}$$

多基布局中,各个节点的发射机、接收机和目标之间的几何关系各不相同。因此,多基拓扑决定了多基微多普勒特征。节点数量和节点间的角间距共同决定了目标的微多普勒信号特征。然而还应记住,多基多普勒一般比单基多普勒小,这会导致无源雷达系统中可观察到的细节量减少。而且在多基系统中,微多普勒特征会变成几何关系的函数。此外,在 VHF 和 UHF 波段中工作的许多无源雷达系统的波长通常很长,这意味着目标产生的微多普勒会比在较高发射频率下产生的微多普勒小得多。

2.5　多基目标定位

在无源雷达中,多基目标定位对雷达的性能非常重要,必须谨慎对待。而且许多发射机是全向的,所以多基目标定位更加重要。无源雷达中,定位只能在接收端完成,并且可能需要高增益,因此当发射频率较低时,接收机就需要较大的物理结构。还有一种方案是在使用低增益接收天线的同时配以辅助天线,并采用到达方向或到达时间差等技术。发射和接收波束宽度非常大,这意味着无法对目标进行角度分辨,会增加模糊性,特别是当存在大量目标时。

在实际操作中,通过利用多台发射机,最好还有多台接收机,可以非常显著地提高无源雷达系统的可靠性和精度。由双基雷达测量的目标位置是模糊的,并且对于全向发射和接收天线而言,目标位置必然在以发射机和接收机位置为焦点的椭圆上。但第二个双基收发对也会以同样的方式进行距离测量。如果两个椭圆只有一个交点,那就代表可以用每个双基收发对中的模糊距离来消除角模糊性,从而对目标进行准确定位。如果存在多个目标,模糊问题就会进一步加剧,增加无源雷达定位性能的复杂性,相关情况将在第 7 章中详细介绍。

如果使用 3 台或 3 台以上发射机,则目标定位和相关测量的问题将得到改善,无源雷达往往正是如此,特别是在人口密度较高的城市地区通常有多台发射机可用。如果情况并非如此,则可使用多台接收机。如果有 3 台发射机照射目标,则这 3 个椭圆通常只会有一个交集,所以即使不测量方位,也可以很容易地找到目标的位置。于是问题就变成寻找 3 个或多个椭圆(每台发射机一个椭圆)的交集。使用 HDTV 信号时,这个问题相对比较容易,因为 HDTV 信号的带宽较大,距离分辨率相对较高,能更好地区分距离间隔较近的目标,从而缩小模糊范围。同样,存在的目标数量越多,解决模糊问题的难度就越大。总体而言,模糊问题没有现成的解决方案,各种不同系统往往各显神通。

2.6　双基雷达距离方程

雷达距离方程以简洁的方式将主要工作参数规范和检测性能联系起来,是雷达设计中一种很有用的工具。但要注意,雷达距离方程只能用作指导,它只是详细设计的开端。

在讨论双基和多基雷达的方程之前,我们先简要介绍无源雷达系统的一些关键参数(第3章还会进行详细介绍)。这些参数都与机会照射源发射的信号的形式相关。

(1)覆盖范围(机会照射源照射的面积或体积);

(2)发射功率;

(3)发射波形的设计。

覆盖范围、发射功率和发射波形的设计共同为目标检测和跟踪提供基础信息,这些参数都高度依赖具体的发射机。由于发射机参数大相径庭,因此所得到的性能也大不相同。例如,VHF和UHF发射机经常用于无源雷达,因为这些发射机通常为高功率,一般在10kW~1MW。此外,如上文所述,这些发射机在方位上为全向,在俯仰上功率偏向地球表面。这有利于广域、低空性能,有助于检测可能在雷达之下飞行的目标。但对于检测高空飞行的飞机,特别当距离很远时,就不太理想了。例如,这些发射机向上发射的辐射信号可能并不足以使在巡航高度飞行的飞机反射可被远处的接收机检测到的回波。虽然VHF和UHF发射机在覆盖范围和功率电平方面相差不大,但两者的波形设计却大不相同。虽然它们都属于连续波,但是发射频率和内部调制结构差别很大。VHF波形一般介于80~110MHz,而UHF波形则介于200~800MHz。尽管在美国和加拿大有一种模拟-数字混合波形,但VHF波形通常是模拟波形,占用的带宽相当窄,范围在200~400kHz。顾名思义,UHF数字电视就是数字信号,带宽在6~7MHz,能提供的最佳距离分辨率为25m量级。波形是否适用于雷达也部分取决于调制结构,这一点可以利用模糊函数的双基形式进一步进行研究,第3章将对此进行更详细的讨论。

由于不同国家设定的广播信号标准不同,因此存在许多不同的频率和带宽。功率电平根据位置和是否需要抵达用户而有所不同。这些类型的照射源也在不断变化。最近,在欧洲、中国和澳大利亚的部分地区,越来越多的电台内容以数字音频广播(DAB)的形式进行数字广播。DAB信号的发射频率在174~240MHz,而且存在多种形式。其功率电平通常低于VHF调频无线电,原因在于数字编码在被接收后能改善灵敏度。数字编码使用正交频分复用,带宽约为1.5MHz,最佳距离分辨率约为100m。

现有的有源雷达系统提供了一种截然不同的照射源。例如,在发达国家,有为空管和防空提供服务的有源雷达网络,这些网络提供广域覆盖,其辐射设计就是用来照射天空的,发射功率高,波形明显适合雷达使用。然而,这些雷达通常是用机械扫描,会对远处的无源雷达接收机提出更严格的要求。如果接收机使用全向天线,这些要求可以放宽,但会牺牲系统灵敏度(接收天线增益为0dB),同时增加模糊的可能性(无方位分辨率)。

一般来说,所有潜在的照射源都有优点和缺点,因此需要针对不同的案例单独进行研究，以确定可用的照射源是否与所需的应用匹配。此外，电磁频谱的使用也在不断变化，这意味着无源雷达设计应避免依赖某个特定信号。没有理由选择单一的发射机类型，VHF 和 UHF 同时工作是完全可能的，这样既能获得更高的设计自由度，又能提升性能。

最后还必须记住，机会发射机是由第三方设计和布置的。因此，无源雷达的机会发射机通常不能改变，发射也得不到保证。这是一个很大的设计限制，在评估无源雷达是否适用于某种给定的应用时必须对此加以认真考虑。实际上，应把这种设计限制看作雷达系统的一个可靠性因素（就像关键部件的平均故障间隔时间一样），把无源雷达和常规单基雷达放到同一基础上进行评价。同时，还应利用无源雷达设计中的多基多频发射机网络的优势来缓和这种设计限制。

一旦确定了可用发射机的特性，就可用雷达方程将主要设计参数与预期性能相关联，这和其他形式的雷达一样。可以先从分析单发单收无源雷达系统的性能开始，以此作为双基雷达方程的基本形式：

$$\frac{P_{\mathrm{R}}}{P_{\mathrm{n}}}=\frac{P_{\mathrm{T}}G_{\mathrm{T}}}{4\pi R_{\mathrm{T}}^{2}}\cdot\sigma_{b}\cdot\frac{1}{4\pi R_{\mathrm{R}}^{2}}\cdot\frac{G_{\mathrm{R}}\lambda^{2}}{4\pi}\cdot\frac{1}{kT_{0}BF}\tag{2.11}$$

式中：P_{R} 为接收信号功率；P_{n} 为接收机噪声功率；P_{T} 为发射功率；G_{T} 为发射天线增益；R_{T} 为发射机到目标的距离；σ_{b} 为目标的双基 RCS；R_{R} 为目标到接收机的距离；G_{R} 为接收天线增益；λ 为信号波长；k 为玻耳兹曼常数 $k=1.38\times10^{-23}$ W/（K · Hz）；T_0 为噪声参考温度 290K；B 为接收机有效带宽；F 为接收机有效噪声系数。

式（2.11）可进行改写，将损耗项、方向图传播因子和处理增益包括在内，但在此采用上述简单形式，旨在说明其基本属性和相互关系。

式（2.11）中的因子 $1/(R_{\mathrm{T}}^{2}R_{\mathrm{R}}^{2})$ 表示，当 $R_{\mathrm{T}}=R_{\mathrm{R}}$ 时信噪比最小，而当目标非常接近发射机或非常接近接收机时，信噪比最大。$1/(R_{\mathrm{T}}^{2}R_{\mathrm{R}}^{2})$ 的等值线，即信噪比等值线，定义了一种称为卡西尼卵形线[1-2]的几何形状。无源雷达的卡西尼卵形线的示例如图 2.8 所示，假设发射和接收天线均为全向天线。而对于定向天线，等值线还要根据天线方向图进行加权，得到的形状可能会截然不同。

应当注意的是，图 2.8 中既有表示信噪比等值线的卡西尼卵形线，也有表示距离等值线的椭圆线，这意味着信噪比和目标位置之间的关系不再像在单基雷达中那样是一对一的。虽然这个问题有一点复杂，但是确定的。

雷达距离方程式（2.11）的基本形式可进行改写，将损耗、发射机到目标和目标到接收机路径上的方向图传播因子以及适当的积分增益包括在内。在 VHF 和 UHF 频段，接收机的噪声系数 F 是几分贝的量级，因此噪声电平主要由

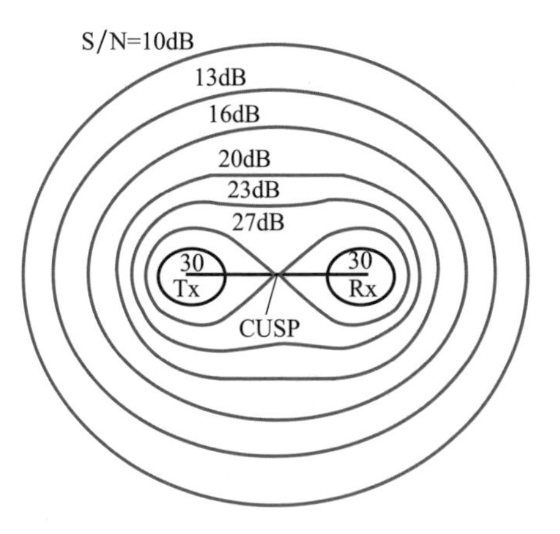

图 2.8 卡西尼卵形线(表示无源双基雷达几何关系的信噪比等值线[1-2])
Tx—发射机;Rx—接收机;CUSP—曲线交点。

外部噪声决定,外部噪声最可能是以直达波、多径信号和其他共信道信号的形式出现。除非采取措施来抑制这些信号,否则系统的灵敏度和动态范围都将受到严重限制。第5章将对此进行更详细的讨论。高功率 VHF 和 UHF 发射机可使系统对大型飞机的检测距离达到几百千米或更远。式(2.11)的适用性很广,可用于预测所有类型照射源的性能。然而,对于无源双基雷达,还需要考虑一些其他的不确定性,尤其是目标双基散射的量级和形式,这是雷达距离方程中的关键因素。

2.7 双基目标和杂波信号特征

一般来说,给定目标的双基 RCS 与其单基 RCS 存在差异。尽管对于非隐身目标而言,这两个值可能相差并不大,但像飞机这样的复杂目标会散射所有角度的入射辐射,因此其双基 RCS 是目标类型、双基几何关系和照射源参数的强函数。在双基雷达的发展早期,提出了双基等效定理[3-4]。双基等效定理指出,如果给定目标足够光滑,目标的一部分没有被其他部分遮挡,且后向反射一直是角度的函数,那么该目标在双基角 β 处的双基 RCS 等效于在双基角二等分线处测得的单基 RCS,频率降低的系数为 $\cos(\beta/2)$。在实践中,这些条件并不总能得到满足,因此应谨慎使用双基等效定理,特别是对于较大的双基角和具有复杂物理结构的目标。但作为雷达方程计算的起点,双基等效定理应该是足够的。

注意,使用双基雷达可以与隐身技术相对抗,这是因为隐身技术是设计用于对抗单基雷达的,并且在一定程度上是通过最小化目标在入射辐射方向上的反射来实现这种对抗。而部分能量必定会反射到其他方向,这就可能会给双基几何关系带来一定优势。此外,较低的照射频率,特别是 VHF 波段的照射,也被用于对抗隐身,这样无源雷达就具有了双重优势。

为进一步了解单基散射和双基散射之间的差异以及双基几何关系如何发挥重要作用,下面将列举两个使用简单散射类型的小例子。在现实中,许多目标结合了平板、二面角和三面角等散射体,这可能导致目标的单基 RCS 比双基 RCS 大。在此以一个简单的正方形平板目标为例,来说明散射量级的一些差异。

图 2.9 显示了由两部单基雷达照射平板目标的几何关系,图中两个收发对处于镜面反射状态,入射角等于反射角。对于单基雷达,当雷达在垂直于平板平面的方向上观察平板时,RCS 最大。当平板旋转离开初始正交平面时,RCS 逐渐减小,当角度约为 λ/d 时,反射功率减小到最大接收功率的一半(3dB),其中 λ 为照射辐射的波长,d 为正方形平板的边长。当平板继续旋转,角度继续增大,往雷达方向上散射的量级继续快速下降,然后又开始上升,上升幅度逐渐减缓,符合 sinc 函数。除了图 2.9 中所示的镜面反射情况外,双基照射的接收信号总是很小,而且产生的响应函数与单基雷达的响应函数截然不同。图 2.10 显示了当照射源以离正交平面 19°的角度照射平板时,双基散射比单基几何关系的散射高。然而,在现实中满足镜面反射条件的可能性很小,更为普遍的情况是目标的双基 RCS 比单基 RCS 小。

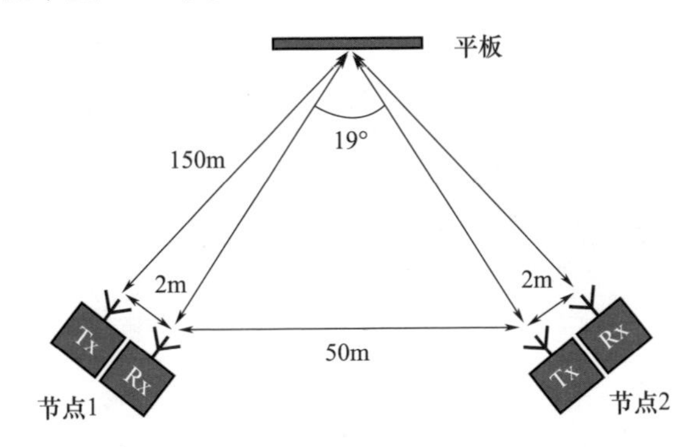

图 2.9　两个单基节点构成的双基测量几何关系,平板往任意方向旋转 19°即可使单基回波响应最大化

接下来考虑用圆柱形目标代替平板。无论以怎样的几何关系进行照射,双基和单基雷达的响应都是相同的。上述两个例子都使用了非常简单的目标来说明可能有哪些不同的表现,而更加复杂的真实目标也会有同样的散射特征。真实目标的 RCS 测量值非常罕见,但也有一些例外,如舰船的 RCS,它与双基角存

在函数关系。这些舰船 RCS 测量结果与预期的散射复杂性一致，但因数量太少，仍无法得出可靠的结论。图 2.11 是为数不多的已发表数据中的一个例子，针对船只目标，比较了单基目标信号特征和双基目标信号特征[4]。在这个例子中采用的几何关系为：一部地面单基雷达，一台异地辅助接收机，目标是海上船只。

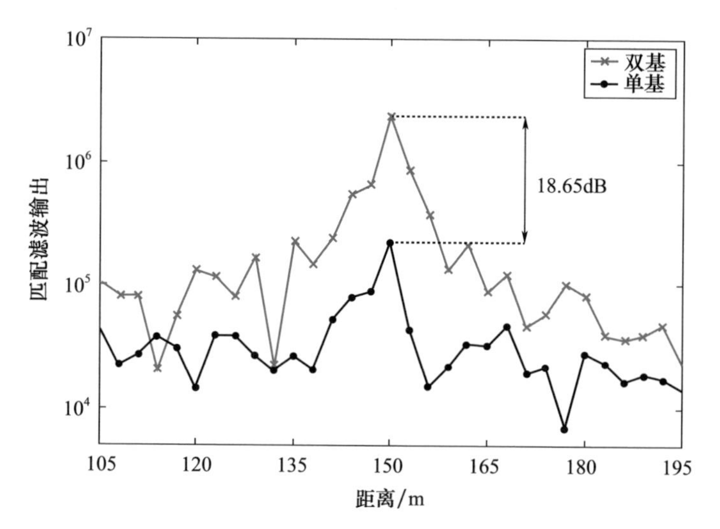

图 2.10　单基雷达以与法向入射线呈 19°角观察时平板的 RCS，以及呈镜面反射几何关系的双基雷达观察到的平板 RCS

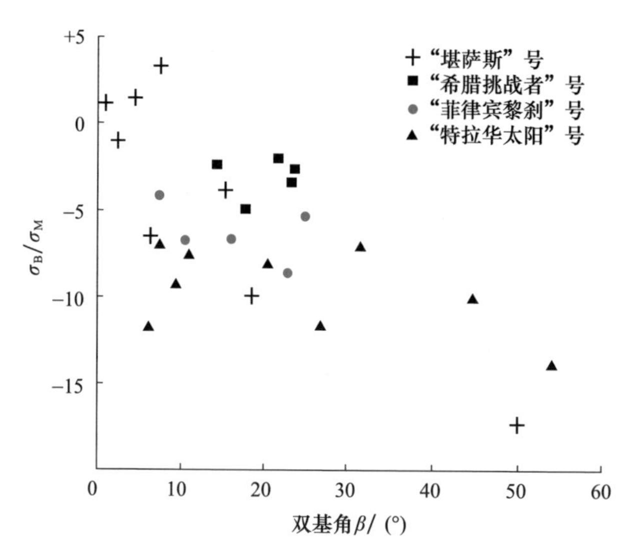

图 2.11　4 艘小型船只目标的中位双基 RCS 与单基 RCS 的比和双基角 β 的关系图

图 2.11 所示为 4 艘船只的结果,可以清楚地看出,双基 RCS 通常小于单基 RCS,并且差值随着双基角的增加而增加。因此,当使用雷达距离方程计算性能时,随着目标运动经过监视区域,谨慎一点的做法是使用一系列 RCS 值来计算性能的可能范围,而性能是随几何关系变化而变化的。虽然这些测量是使用在 X 波段工作的专用照射源进行的,但从总体趋势可以预测无源雷达的普遍情况。由于很少有使用无源雷达进行双基 RCS 测量的报道,因此人们对这一方面的性能理解尚浅。有关统计目标模型的文献也鲜有发表。然而,著名的斯威林模型可用于计算检测概率和虚警概率。

闪烁是一种目标(和杂波)散射现象,这种现象在双基几何关系中也可显著减少,其原因在于对上述双基散射的基本理解。闪烁是由构成目标的散射体的相长干涉和相消干涉引起的波前视向的变化,因此往往具有较大的回波。但如果像前面说的那样,双基 RCS 普遍小于单基 RCS,那么可以预计闪烁也会减小。但支持这种假设的实验证据同样很少,就无源雷达而言,缺乏明确的结果报道。实际上,只在威利斯的著作[1]中提到了一个双基雷达的例子。

有 3 种机制可以在特定条件下增大目标的双基 RCS,这 3 种机制是共振散射、镜面散射和前向散射,其中前两种对于单基几何关系也同样有效。

当目标的物理尺寸(例如飞机发动机的长度或机头到翼根之间的距离)等于雷达波长的一半的倍数时,就会发生共振散射,还可以参考导电球散射的经典频率依赖特性来理解共振散射。一般而言,共振散射效应取决于频率和目标方向。例如,VHF 的波长一般为几米,那么很容易推断,上述大尺寸物体会发生共振。UHF 的波长可能在 30 ~ 150cm 变化,对应地,较小尺寸的物体会发生共振,表现出的 RCS 值相应较小。当频率更高时,共振效应不再是决定目标反向散射的主要因素。

如上所述,如果目标有平面特征,而且其方向恰好能形成镜面反射,那么将发生镜面散射。然而,镜面散射要求满足镜面反射条件,因此镜面散射是比较罕见和随机的。

前文提到当目标经过发射机和接收机之间的基线时,会发生前向散射。根据巴俾涅原理,有一个给定外形面积的目标,在发射机和接收机之间的路径上有一块垂直于该路径的无限屏,屏上有一个与目标同外形的孔,那么绕目标衍射的信号与穿过孔衍射的信号大小相等、方向相反[5]。对于给定形状和面积的孔,很容易计算出穿过这个孔的衍射信号,从而可以直接确定前向散射的 RCS。对于外形面积为 A 和线性尺寸为 d 的目标,前向散射 RCS 近似为 $\sigma_{FS} = 4\pi A^2/\lambda^2$,且前向散射的角宽近似为 $\theta_B \cong \lambda/d$(弧度)。针对 $A = 10\text{m}^2$ 和 $d = 10\text{m}$ 的目标(一架小型飞机),图 2.12 中给出了相关曲线。前向散射 RCS 明显大于同等情况下的单基 RCS(对于图中目标大约是 10m^2 的量级)。虽然这种几何关系可以提供良好的检测性能,但是目标定位能力会很差,因为当目标接近基线时,距离和多普勒分辨率都会很差。第3章将通过介绍双基模糊函数的建立和分析进一步阐述这一点。

由图2.12可以看出,当频率略大于300MHz时,可在一个相当宽的视野范围内提供较大的RCS,这个频率就是最佳频率,处于UHF DTV波段的中间。然而,图2.12所示是一种非常简单的前向散射。在现实中,可以在很宽的频率范围内轻松观察到RCS增大。由于无源雷达通常由许多双基对组成,所以目标经过基线的可能性看似相当高;但当发射机和接收机位置已经给定时,就必须仔细考虑了,同时还要考虑目标轨迹的因素。例如,有一台地面发射机,工作频率为350MHz,发射机和接收机之间的基线为50km,一架巡航高度为10km的飞机正从发射机和接收机之间的基线中间位置经过。当飞机穿越基线时,接收机的观察角超过20°,这个角度超过了图2.12所示的可观测区域的范围。因此,利用地基发射机和接收机来观测前向散射可能更适于检测低空飞行的飞机,这在国防安全应用中具有很高的价值。如果RCS能够显著增大,胜过传统的隐身技术,那么就更有价值了。

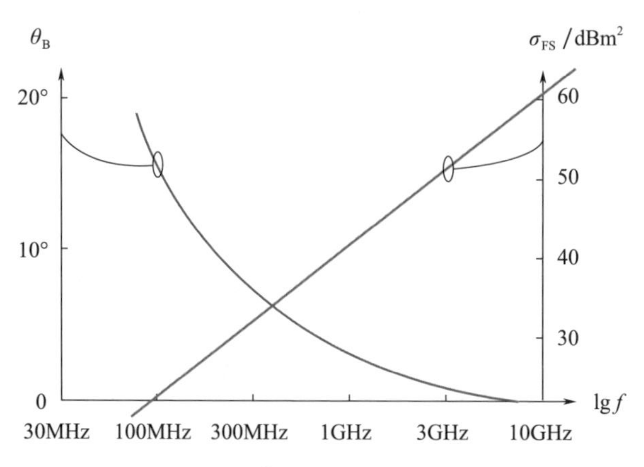

图2.12 $A=10\text{m}^2$、$d=10\text{m}$ 的理想化小型飞机目标的前向散射RCS σ_{FS} 和散射角宽 θ_B

最后,还应提一下杂波的作用。从广义上讲,杂波就是不需要的反射,最好既能了解杂波的性质又能去除杂波。目前,对无源雷达系统中的杂波尚无全面的认识,也尚未开发出适用的模型。或许与双基几何关系有关,在现有为数不多的关于双基工作的报道[6]中,尚未涵盖无源雷达中最常用的许多频率(如VHF和UHF)。然而,如图2.6所示,杂波的回波强度可能会很强,对有效检测目标形成抑制,特别是近距离处的杂波。与其他形式的雷达一样,无源雷达在性能建模和信号处理设计中也必须了解和考虑杂波。

2.8　小结

本章介绍了无源雷达的基本原理,通过雷达距离方程将这些基本原理串联起来,并将参数指标与检测性能相关联;强调了控制直达波穿透的重要性,还强调了对目标(和杂波)的双基散射的认识相对薄弱;同时还指出,照射源的选择对双基雷达系统的性能有极大影响,照射源决定了发射频率、覆盖范围和波形调制。使用现成的照射源会带来诸多限制,但人们已成功设计、制造出无源雷达,并证明无源雷达具有非常高的性能水平。尽管在很大程度上还缺乏相关文献来定量证明无源雷达已实现了怎样的性能,但无源雷达相对简单、成本低、频谱效率高,所以其成为一个备受关注的研究课题。此外,与单基雷达系统相比,对双基雷达系统的理解要匮乏得多,并且两者在设计和工作上存在一些特定差异。后续章节中会对这些差异进行探讨,并进一步研究本章中介绍的部分主题。

参考文献

[1] Willis, N. J., *Bistatic Radar*, 2nd ed., Silver Spring, MD: Technology Service Corp., 1995; corrected and republished by SciTech Publishing, Raleigh, NC, 2005.

[2] Jackson, M. C., "The Geometry of Bistatic Radar Systems", *IEE Proc.*, Vol. 133, Pt. F, No. 7, December 1986, pp. 604 – 612.

[3] Kell, R. E., "On the Derivation of Bistatic RCS from Monostatic Measurements", *Proc. IEEE*, Vol. 53, 1965, pp. 983 – 988.

[4] Ewell, G. W., and S. P. Zehner, "Bistatic Radar Cross Section of Ship Targets", *IEEE J. Oceanic Engineering*, Vol. OE – 5, No. 4, October 1980, pp. 211 – 215.

[5] Born, M. and E. Wolf, *Principles of Optics*, 6th ed., London, U. K.: Pergamon Press, 1980, p. 559.

[6] Weiner, M., "Clutter", Ch. 9, *Advances in Bistatic Radar*, N. J. Willis and H. D. Griffiths, (eds.), Raleigh, NC: SciTech Publishing, 2007.

第3章

照射源特征

照射源的选择是决定无源雷达系统性能的关键因素。在评估这些照射源的功用时,需考虑三个参数。第一个参数是照射源对目标照射的功率密度(W/m^2),这个参数对检测性能具有重要意义,在第2章和第6章进行讨论。第二个参数是波形特性,第三个参数是覆盖范围,本章将对这两个参数进行讨论。

3.1 模糊函数

雷达信号,实际上可以说是所有类型的信号,都可以表示为时间或频率的函数,两种函数通过傅里叶变换彼此关联。一个域中的重复特征会在另一个域中产生截然不同的特征。正如英国数学家菲利普·伍德沃德(Philip Woodward)在20世纪50年代首次提出[1],雷达波形的性能通常取决于其模糊函数。理论上,模糊函数被定义为与发射信号相匹配的滤波器输出的平方,雷达对点目标的响应可表示为时延 T_R 和多普勒频移 f_D 的函数:

$$|\psi(T_R, f_D)|^2 = \left|\int_{-\infty}^{\infty} s_t(t) s_t^*(t + T_R) e^{j2\pi f_D t} dt\right|^2 \tag{3.1}$$

模糊函数的峰宽表示雷达的距离分辨率和多普勒分辨率,此外模糊函数还可表示旁瓣结构和可能由波形周期特征导致的任何模糊度。对于传统的脉冲雷达来说,模糊函数表示与脉冲重复频率(PRF)相关的距离模糊和速度模糊,间隔分别为 $c/(2\text{PRF})$ 和 $(\lambda\text{PRF})/2$,其中 c 为传播速度,λ 为波长。

3.1.1 双基雷达中的模糊函数

在双基雷达中,模糊函数不仅取决于波形,而且取决于双基几何关系,也就是目标相对于发射机和接收机的位置。我们可以理解为:对于在发射机和接收机之间基线上的目标,雷达将失去距离分辨率,原因在于无论目标位于基线上的什么位置,回波和直达波都会同时到达接收机。此外,雷达也将失去多普勒分辨率,因为对于正在经过基线的目标来说,发射机到目标距离的变化与目标到接收机距离的变化相等且相反,所以不管目标速度是多少,多普勒频移都为零。同样还可以理解为,相比于单基雷达中的目标距离和时延之间以及目标速度和多普勒频移之间所存在的简单线性关系,双基雷达会更加复杂。

这些因素意味着,在双基雷达中,模糊函数取决于更多的变量,应表示为[2]

$$|\psi(R_{\mathrm{RH}},R_{\mathrm{Ra}},V_{\mathrm{H}},V_{\mathrm{a}},\theta_{\mathrm{R}},L)|^2 = \left|\begin{array}{l}\int_{-\infty}^{\infty} s_t(t-\tau_a(R_{\mathrm{Ra}}\cdot\theta_{\mathrm{R}},L))s_t^*(t+\tau_{\mathrm{R}}(R_{\mathrm{RH}},\theta_{\mathrm{R}},L)) \\ \times\exp[\mathrm{j}2\pi f_{\mathrm{DH}}(R_{\mathrm{RH}},V_{\mathrm{H}},\theta_{\mathrm{R}},L)-2\pi f_{\mathrm{Da}}(R_{\mathrm{Ra}},V_{\mathrm{a}},\theta_{\mathrm{R}},L)t]\mathrm{d}t\end{array}\right|^2 \quad (3.2)$$

式中:R_{RH}和R_{Ra}分别为从接收机到目标的假设距离和实际距离;V_{H}和V_{a}分别为相对于接收机的假设目标径向速度和实际目标径向速度;f_{DH}和f_{Da}分别为假设多普勒频率和实际多普勒频率;θ_{R}为目标回波相对于北向的到达方向;L为双基基线。

实际的无源雷达系统需要考虑这种效应,但由于这种效应是确定的,如果用多个双基收发对来检测和跟踪目标,当目标接近某个双基收发对的基线时,就可以实现这种效应,在跟踪时,要么弃用来自该双基收发对的信息,要么对其进行适当加权。第 7 章将对此进一步说明。

通过接收信号并将其数字化,可以很容易地测量和绘制潜在无源雷达照射源的模糊函数,目前许多研究人员已做到了这一点[3-5]。通常,测量时可使用频谱分析仪的零扫描模式作为多功能接收机,也可使用软件定义的无线电模块。在所有情况下,由于不包含与几何关系的相关性,所以测量结果都呈现单基模糊函数。

图 3.1 给出了一些典型的测量结果。距离模糊函数的峰宽与瞬时波形带宽 B 相关,因此 $\Delta R=c/2B$,而多普勒模糊函数的峰宽为 $\Delta f_{\mathrm{D}}=1/T$,其中 T 是积分时间,而积分时间实际受目标相干时间所限(这点会在第 6 章中进行解释)。

图 3.1(a)所示为对语音调制信号进行广播的 VHF 调频电台(“BBC 电台 4”)的模糊函数。尽管由于调制的光谱含量低,峰值相对较宽,但峰值和旁瓣结构都十分清晰。图 3.1(b)所示为对快节奏爵士乐调制信号进行广播的调频电台(“爵士乐调频”)的模糊函数。由于调制信号的光谱含量较高,峰值和旁瓣结构相应地更加尖锐。在这两种情况下,模糊函数的下限下降了$(B\tau)^{1/2}$,而非$(B\tau)$,这也符合相干波形的预期结果。

图 3.1(c) ~ 图 3.1(e)显示了数字发射信号的典型模糊函数,这些数字传输分别为数字音频广播(DAB)、地面数字电视广播(DVB - T)和全球移动通信系统(GSM)。相较于图 3.1(a)和(b)中的模拟调制信号,这些模糊函数更适用于无源双基雷达,因为其峰值更窄且旁瓣更低。此外,这些模糊函数的形式不随时间改变,且不取决于节目或信息内容。

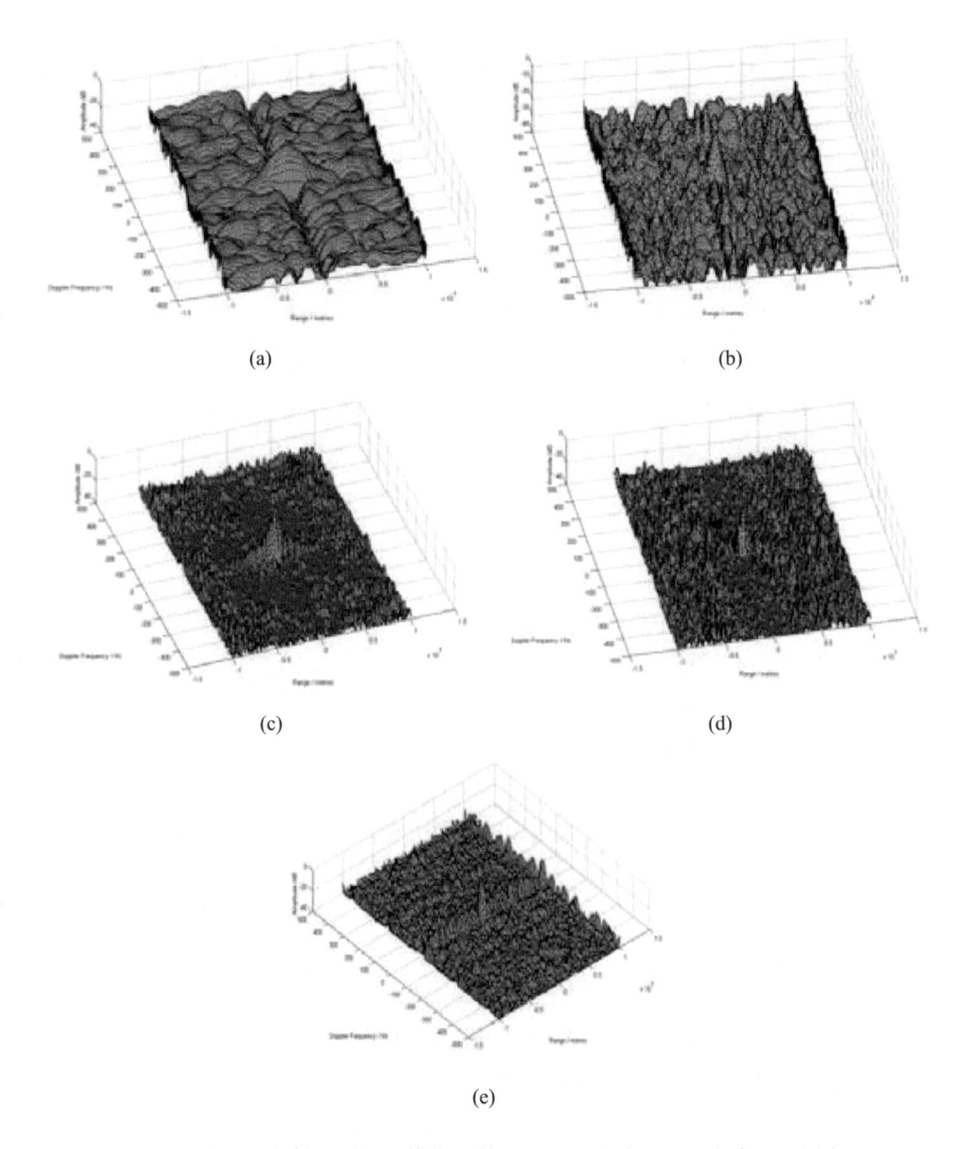

图 3.1　从以下发射源测得的模糊函数：(a) VHF 调频“BBC 电台 4”（语音）；
(b) VHF 调频“爵士乐调频”（快节奏爵士乐）；
(c) 222.4 MHz 数字音频广播（DAB）；(d) 505MHz 地面数字电视广播（DVB－T）；
(e) 944.6MHz GSM900

表 3.1 归纳了各类照射源的特征。每种情况下的功率密度都是在自由空间和视线传播的假设下进行计算的，且发射机到目标的距离取典型值。与单基雷达相同，距离分辨率由信号带宽决定（但同时也由双基几何关系决定），表格第三列中给出了每种信号的典型带宽。

表 3.1　无源双基雷达机会照射源典型参数表[6]

发射信号	频率	调制,带宽	$P_T G_T$	功率密度* $\Phi = \frac{P_T G_T}{4\pi R_T^2}$
高频广播	10 ~ 30MHz	DSB 调幅,9kHz	50MW	R_T = 1000km 时为 −67 ~ −53dBW/m^2
VHF 调频	88 ~ 108MHz	调频,200kHz	250kW	R_T = 100km 时为 −57dBW/m^2
模拟电视	约 550MHz	残留边带调幅,5.5MHz	1MW	R_T = 100km 时为 −51dBW/m^2
数字音频广播(DAB)	约 220MHz	数字,OFDM,220kHz	10kW	R_T = 100km 时为 −71dBW/m^2
地面数字电视广播(DVB−T)	约 750MHz	数字,6MHz	8kW	R_T = 100km 时为 −72dBW/m^2
手机基站(GSM)	900MHz,1.8GHz	GMSK,FDMA、TDMA、FDD,200kHz	100W	R_T = 10km 时为 −71dBW/m^2
手机基站(3G)	2GHz	CDMA,5MHz	100W	R_T = 10km 时为 −71dBW/m^2
5G‡	25 ~ 39GHz	50MHz、100MHz、200MHz、400MHz	100mW	R_T = 100m 时为 −61dBW/m^2
Wi−Fi 802.11	2.4GHz	DSSS/OFDM,5MHz	100mW	R_T = 10m 时为 −41dBW/m^2†
WiMAX 802.16	2.4GHz	QAM,1.25 ~ 20MHz	20W	R_T = 10km 时为 −88dBW/m^2
GNSS	L 波段	CDMA,FDMA,1 ~ 10MHz	200W	地球表面为 −134dBW/m^2
卫星直播电视(DBS TV)	Ku 波段,11 ~ 12GHz	模拟与数字	300kW	地球表面为 −107dBW/m^2
星链(STARLINK)	Ku 波段,10.7 ~ 12.7GHz	250MHz		地球表面为 −98dBW/m^2
卫星 SAR(注 4)	9.6GHz	线性调频脉冲,400MHz(最大)	28MW	地球表面为 −54dBW/m^2

注:* 假设自由空间视线传播;† 由于穿墙传播,会导致额外的衰减;‡ 高频段(毫米波);COSMO − SkyMed 系列卫星[7]携带的 SAR 的参数。

3.1.2 使用调频无线电信号的带宽拓展

单个调频无线电信道带宽对应的距离分辨率很低（$B=50\text{kHz}$ 情况下 $c/2B=3\text{km}$，并且实际值可能更低，取决于节目内容），尽管如此，还是可以通过利用同一台发射机多个信道的广播信号来获得更好的分辨率。这一概念最初由泰格德伦（Taşdelen）和克格曼（Köymen）提出[8]，他们指出，使用 7 个相邻的调频信道可将距离分辨率提高约 3 倍，尽管这会导致一些距离模糊。

邦焦安尼（Bongioanni）等[9]、奥尔森（Olsen）等[10-12]以及扎伊姆巴什（Zaimbashi）[13]进一步推进了这一观点，并对具体工作情况进行了实验验证。奥尔森使用的基本处理方案如图 3.2 所示。方案一共采用了两台接收机，一台用于直达信号，另一台用于目标回波。在每台接收机中都对整个频段进行了数字化处理，且对每个调频信号进行了滤波和上变频处理，从而产生了间隔均为 Δf 的多个相邻信道，然后进行了互相关。文献[12]中的结果表明，可获得高达 375m 的距离分辨率，但结果仍取决于各个电台的带宽（以及相应的节目内容）。

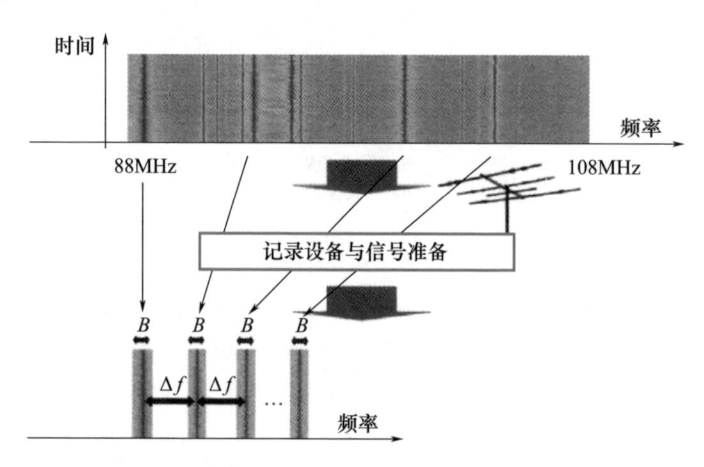

图 3.2 使用调频无线电信号的带宽扩展处理方案[11]

由于不同的信道具有不同的载波频率，因此对于指定目标速度，每个信道中的多普勒频移都是不同的，这在实际运用中限制了相干积分时间。奥尔森的算法补偿了同一个目标在不同载波频率上产生的不同多普勒频移，以及各个独立的相位项，从而实现了稳定的相干积分，获得了稳定的增益和多普勒分辨率。该算法相关工作进一步研究了距离迁移[14]问题，并使用来自 3 个 DVB-T 信道（信道不相邻且间隔不等）的数据（采用 4s 相干积分）对研究工作进行了演示验证。

3.2　数字与模拟

图 3.1 中的结果显示了模拟与数字调制格式在雷达性能方面的一些重要区别。当使用模拟信号时,模糊函数一般是时变的,并且与节目内容特性相关。对雷达信号来说这显然是不理想的。

3.2.1　模拟电视信号

图 3.3 中给出了模拟电视信号(右)和等效数字电视信号(左)在频谱分析仪上的显示内容。2005 年 9 月在英国获得这一结果时,以上两种信号都用于广播。

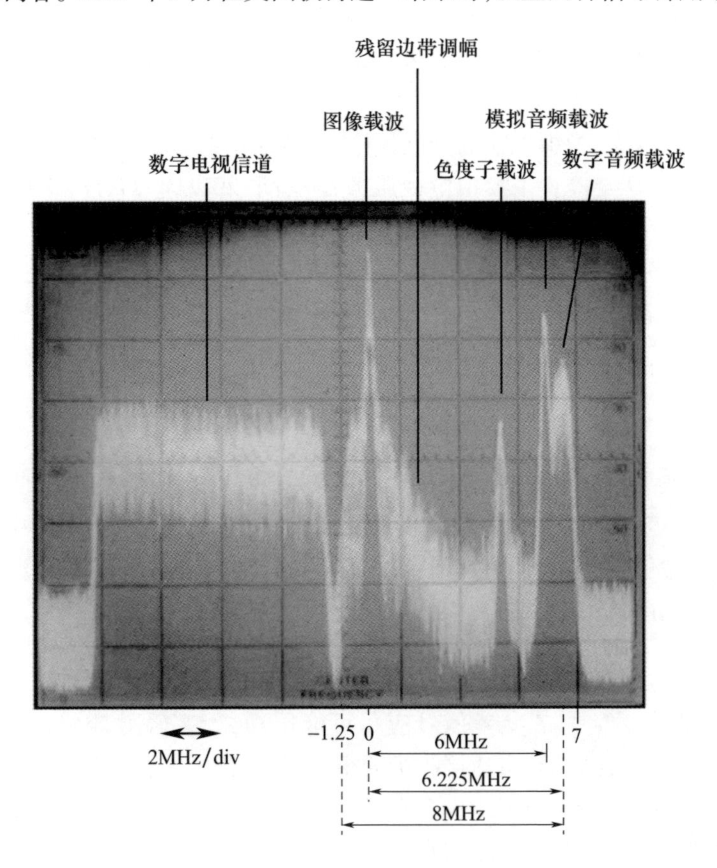

图 3.3　模拟电视信号 PAL(右)和等效数字电视信号(左)的频谱
(水平:2MHz/div,垂直:10dB/div)

英国使用的模拟彩色电视信号的调制格式称为逐行倒相制式(PAL),与其他国家使用的其他模拟调制格式大致相似，如北美和中美洲的 NTSC 和法国的 SECAM。在 PAL 制式中图像信息由连续行组成，每行持续时间为 64μs，每行开头有 12μs 的同步脉冲。整个图像由 625 行组成，分两次隔行扫描。信息会经过调幅调制到图像载波上，使得下边带被抑制，仅上边带是明显的（残留边带）。图像颜色信息会调制到色度子载波上，在这种情况下，音频信息同时以模拟和数字形式存在。

当 PAL 信号用作雷达信号时，每间隔 64μs 便出现明显的模糊，因为电视画面的一行通常与下一行非常相似，同时在每行开头都有同步脉冲。这造成了单基情况下每间隔 9.6km 出现强距离模糊。对应于 25Hz 的帧扫描速率也存在模糊。这些效应再加上图像载波的调幅从未真正降到零，意味着模拟电视信号远不是理想的雷达信号。

而左侧的等效数字电视信号具有平稳的类噪声频谱，作为雷达波形更符合要求，因为其模糊函数具有一致的旁瓣结构，该结构本质上是非时变的，并且与节目内容无关。

在大多数国家，模拟电视服务已经停止，数字电视取而代之（见 3.3.4 节）。比如美国于 2009 年停止了模拟电视服务，法国于 2011 年 11 月 29 日停止了所有模拟电视服务，日本则于 2012 年 3 月 31 日停止。在其他国家，这一进程较为缓慢，而且很多受到了 2019 年开始的新冠肺炎疫情的影响。例如，在南非，模拟电视服务是逐省停止的，最终于 2022 年 3 月底停止了所有服务。2022 年 11 月 3 日，印度尼西亚开始关停模拟电视服务。

3.2.2 失配滤波

在大多数无源雷达处理方案中，式(3.1)中表示的互相关处理通过使用两个接收机信道来实现：一个用于接收目标回波（信号信道），另一个用于接收发射信号的参考信号（参考通道）。因此，互相关处理的输出是目标回波与参考信号的交叉模糊函数：

$$|\psi(T_R, f_D)|^2 = \left|\int_{-\infty}^{\infty} s_t(t) s_r^*(t+T_R) e^{j2\pi f_D t} dt\right|^2 \tag{3.3}$$

式中：$s_r(t)$ 为参考信号。参考信号应尽可能干净，无多径效应，且具有高信噪比。如果从发射机到无源雷达接收机的视线通畅，则这个信号通常是直达波，同时使用指向发射机的定向天线也会有所帮助。在某些情况下，通过第 5 章中描述的直达波处理后可获得干净的直达波，在使用合作照射源的特殊情况下，也可以通过来自发射机的物理（电缆）链路获得直达波，在这种情况下，直达波不会受到多径干扰的影响。

不过我们也可以通过修改参考信号来提供失配滤波，从而改善交叉模糊函数,例如可消除旁瓣,因为产生无用旁瓣峰值的信号特征是先验已知的。该方法最初由塞尼(Saini)和切尔尼亚科夫(Cherniakov)提出[15],并在 3.3 节中提到的几种波形中得到了一定程度的成功应用。

3.3 数字编码波形

过去 20 年,通信和广播应用领域引入了许多数字编码调制方案,包括 GSM、3G 和 4G 手机信号,DAB、DVB - T 和 DRM 广播信号,以及 Wi - Fi(802.11)和 WiMAX(802.16)。其中一些基于正交频分复用(OFDM)技术,下文将对 OFDM 基本原理、上述部分信号及其作为雷达照射源的可能性进行说明。

首先,了解通信信道的特性有助于深入理解信号设计原理[16]。多数情况下,信道由直达路径加上多个多径分量组成,多径分量有各自的振幅和时延。直达路径和多径分量可能具有时变特性和多普勒频移。多径分量可能在接收机处相消,导致衰落,并且由于给定时延对应的相位是频率的函数,因此衰落也将是频率的函数。

当多径导致的时延扩展开始变得与位长相当时,会发生码间干扰,接收到的信号会被破坏(图 3.4),这便为可以通过信道传输的数据速率带来了限制。

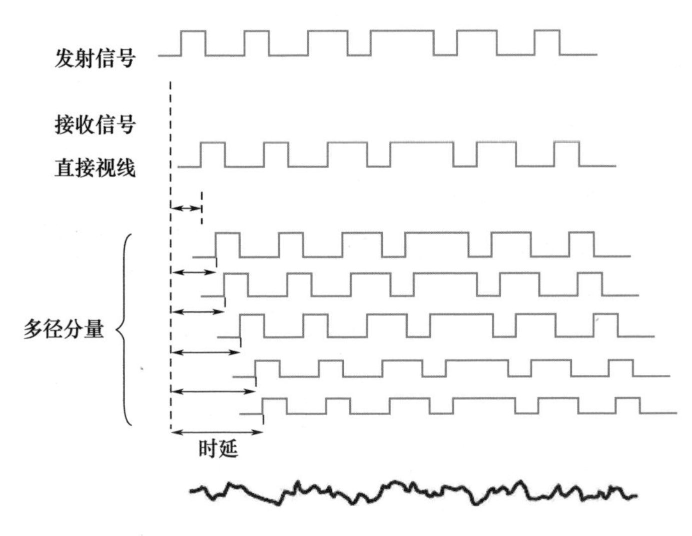

图 3.4　多径引起的码间干扰

3.3.1　正交频分复用技术

为克服上述问题,有人发明了正交频分复用(OFDM)技术。在 OFDM 中,数字比特流被多路复用成多个并行流，使每个单独流中的位长 T_b 被拉伸 N 倍，N 是并行流数量。此时位长远大于多径最大时延扩展（图 3.5），因此多径效应相对减弱。并行数据流被调制到以频率间隔的一组子载波上，使得其中某个子载波的 $\sin x/x$ 调制频谱零点与所有其他子载波的载波频率一致（图 3.6），换句话说，就是让它们彼此正交。为了实现这一点，子载波频率间隔需为 $1/\tau$，其中 τ 为扩展比特流的位长。

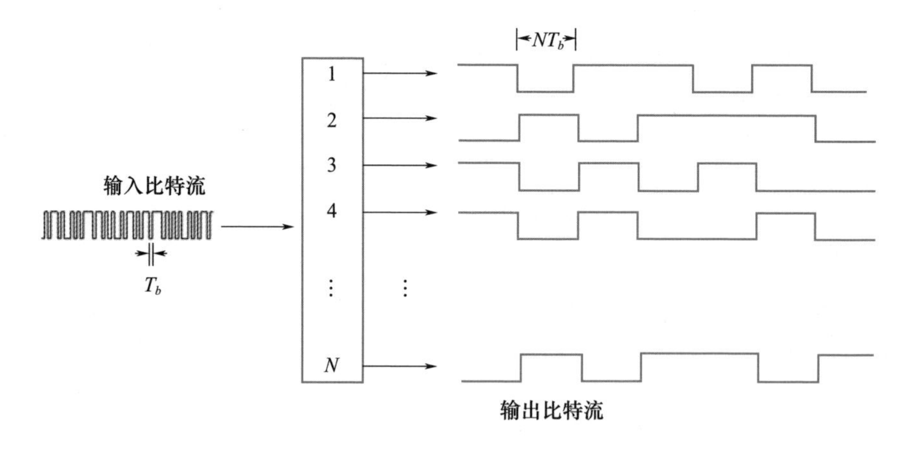

图 3.5　OFDM 技术将数字比特流多路复用为多个并行流，输出比特流的位长就会远大于多径最大时延扩展

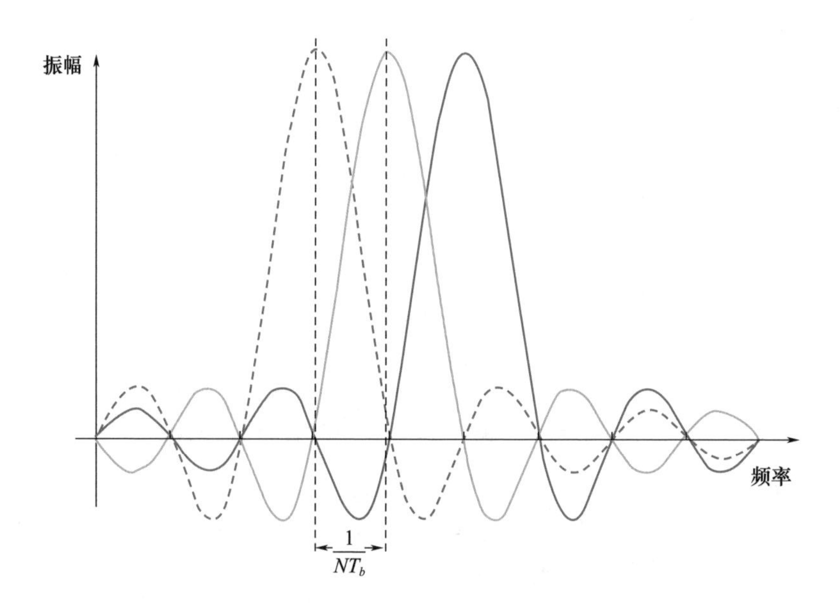

图 3.6　OFDM 中的正交子载波

这种形式的调制还允许使用单频网络,在单频网络中,指定基站的所有发射机共享相同的频率并实现同步(见第 4 章)。OFDM 已被证明是对抗多径效应的有效手段,并且构成了现代通信和广播中使用的多种调制格式的基础。

3.3.2　全球移动通信系统

全球移动通信系统(GSM)标准由欧洲电信标准协会(ETSI)为 2G 手机网络开发,目前在世界范围内广泛采用。GSM 标准使用以 900MHz 和 1.8GHz 为中心的频段,在美国则使用以 1.9GHz 为中心的频段。上行链路和下行链路带宽均为 25MHz,使用 900MHz 中心频率时,分为间隔 200kHz 的 125 个频分多址(FDMA)载波,使用 1.8GHz 中心频率时,分为 375 个 FDMA 载波。指定的某个基站只会用到这些信道中的一小部分。每个载波又分成 8 个时分多址(TDMA)时隙,每个时隙的持续时间为 577μs。此外,每个载波使用高斯最小频移键控(GMSK)进行调制。在 270.833kb/s 的调制速率下,1b 对应于 3.692μs。

图 3.8 所示为通过图 3.7 中的 GSM 信号模糊函数所截取的距离。可见,在时域信号的时隙速率和帧速率下,周期性导致了明显的距离模糊。这种信号往往适于短距应用,而在短距应用中,这样的信号带宽(约 150kHz)所意味的距离分辨率(约 1000m)太低了。但通过采用适当的积分间隔,有可能获得有用的多普勒分辨率。

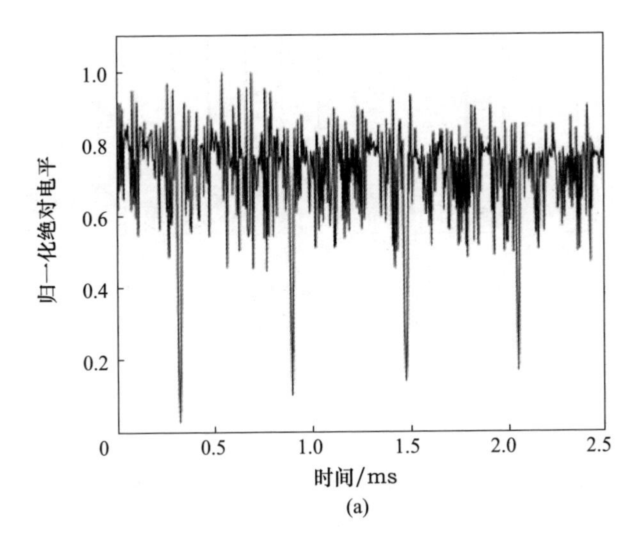

(a)

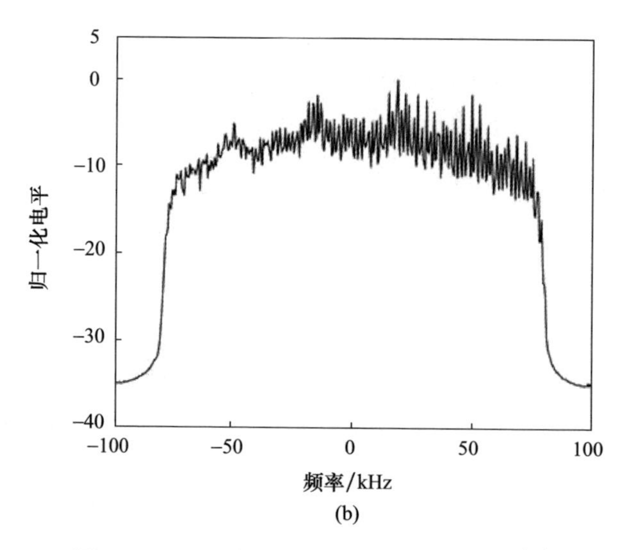

图 3.7　GSM 调制的(a)时域和(b)频域表示[17]

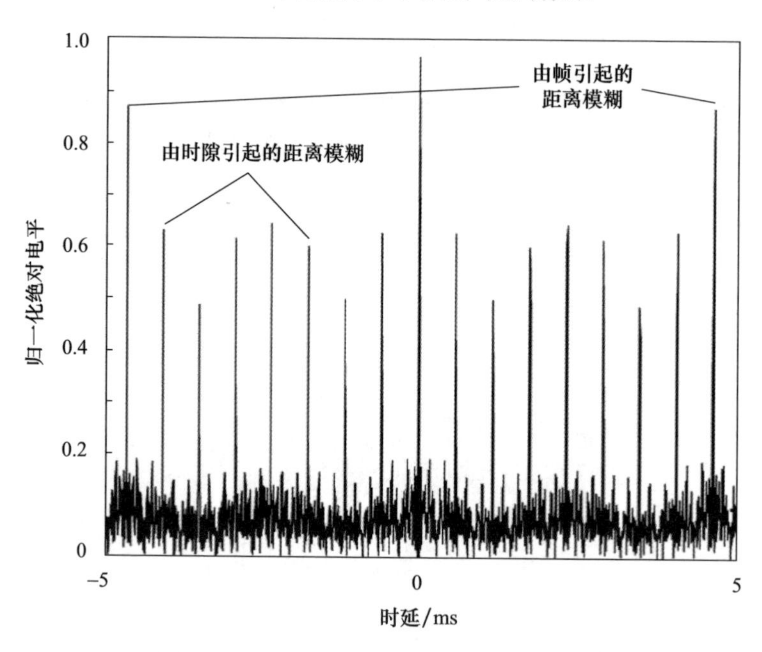

图 3.8　GSM 信号模糊函数所截取的距离[17]

3.3.3　长期演进技术

长期演进技术(LTE)波形是在 OFDM 子载波上传输的载波调制数字数据。20 世纪 90 年代,3G 网络曾经考虑使用 OFDM,但最终选择了更为成熟的宽带码分多址(WCDMA)技术。目前,OFDM 广泛应用于 IEEE802.11(Wi - Fi)、

IEEE802.16(WiMAX)和 DAB/DVB 广播等众多系统中,并在基于 LTE 的第四代(4G)移动系统中得到了最广泛的应用。这些系统从 2012 年开始在全球范围内部署,并广泛传播。LTE 提供数据和语音服务,下行链路数据率高达 100Mb/s。LTE 基本信道根据信道带宽确定,信道带宽在 1.4~20MHz,对 72~1320 个 OFDM 子载波进行划分。LTE 可跨频段使用。标准化组织 3GPP[18] 在 729~3.8GHz 频率定义了 32 个频段。根据许可证发放和带宽要求,可为运营商分配特定的频谱带,其宽度是 5MHz 的倍数。例如,在英国,运营商被分配 5MHz、10MHz、15MHz、20MHz、25MHz 和 35MHz 宽的频段[19]。LTE 根据标准[21]中定义的 QPSK、16QAM 和 64QAM 传输信息类型和无线信道质量使用各种调制格式。

LTE 的多址方案基于 OFDM,称为 OFDMA,根据网格的需求和流量负载为用户分配带宽。LTE 中的基本分配单元称为 LTE 资源块(RB),一个资源块代表一个时隙为 0.5ms,2 个时隙构成一个 1ms 的重复子帧。每个时隙包含 12 个子载波(固定带宽 15kHz)及 6 个或 7 个 OFDM 符号(取决于所使用的循环前缀即 CP 的长度);一个子载波和一个 OFDM 符号被定义为一个资源粒子(RE),资源粒子是 LTE 的最小信息单元[18,20]。因此,LTE 时域信号是将子帧聚合成 10ms 的帧。

图 3.9 显示了 LTE 符号、帧和资源块。LTE 资源块在时域上包含 7 个 OFDM 符号,时间长度为 0.5ms;在频域上包含 12 个带宽为 15kHz 的正交子载波。在 LTE 下行链路中,资源块组合成资源网格(RG),如图 3.10 所示,重复特征十分明显。

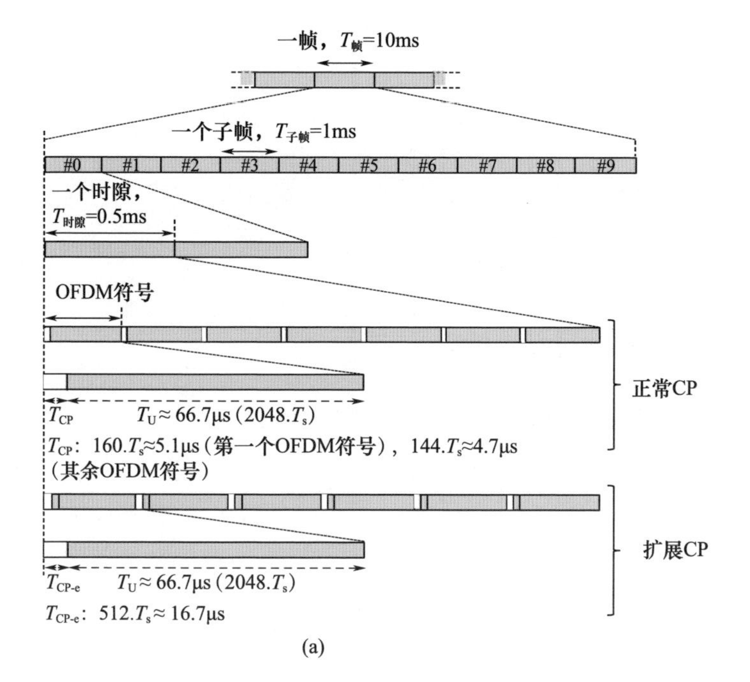

(a)

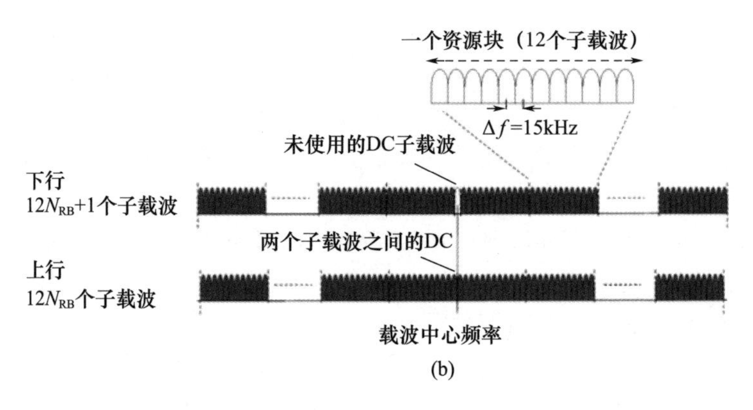

(b)

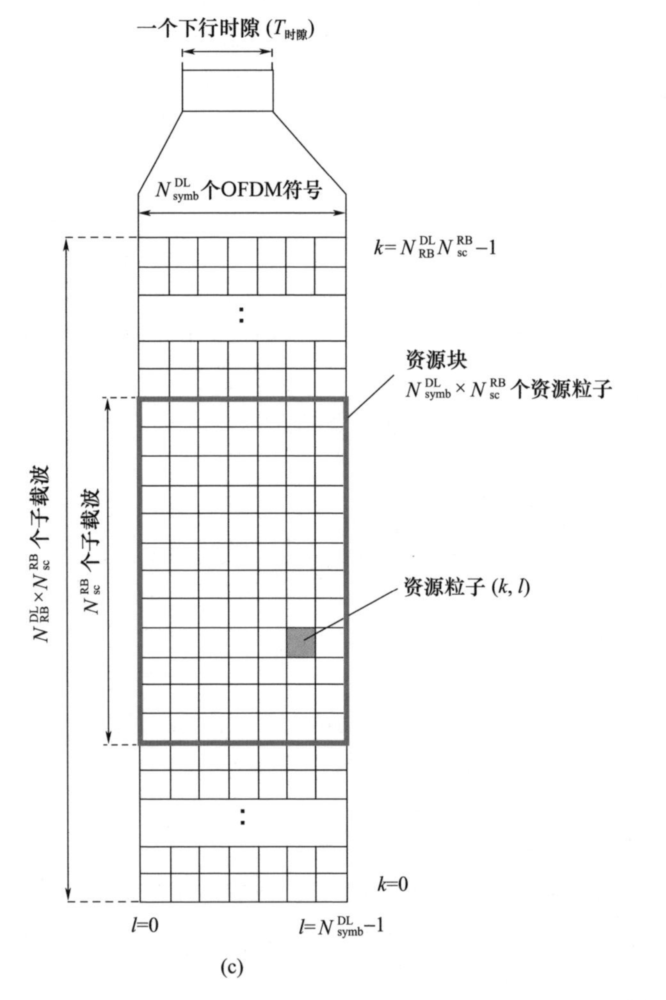

(c)

图 3.9　LTE 的(a)时域和(b)频域表示[20]以及(c)资源块结构[21]

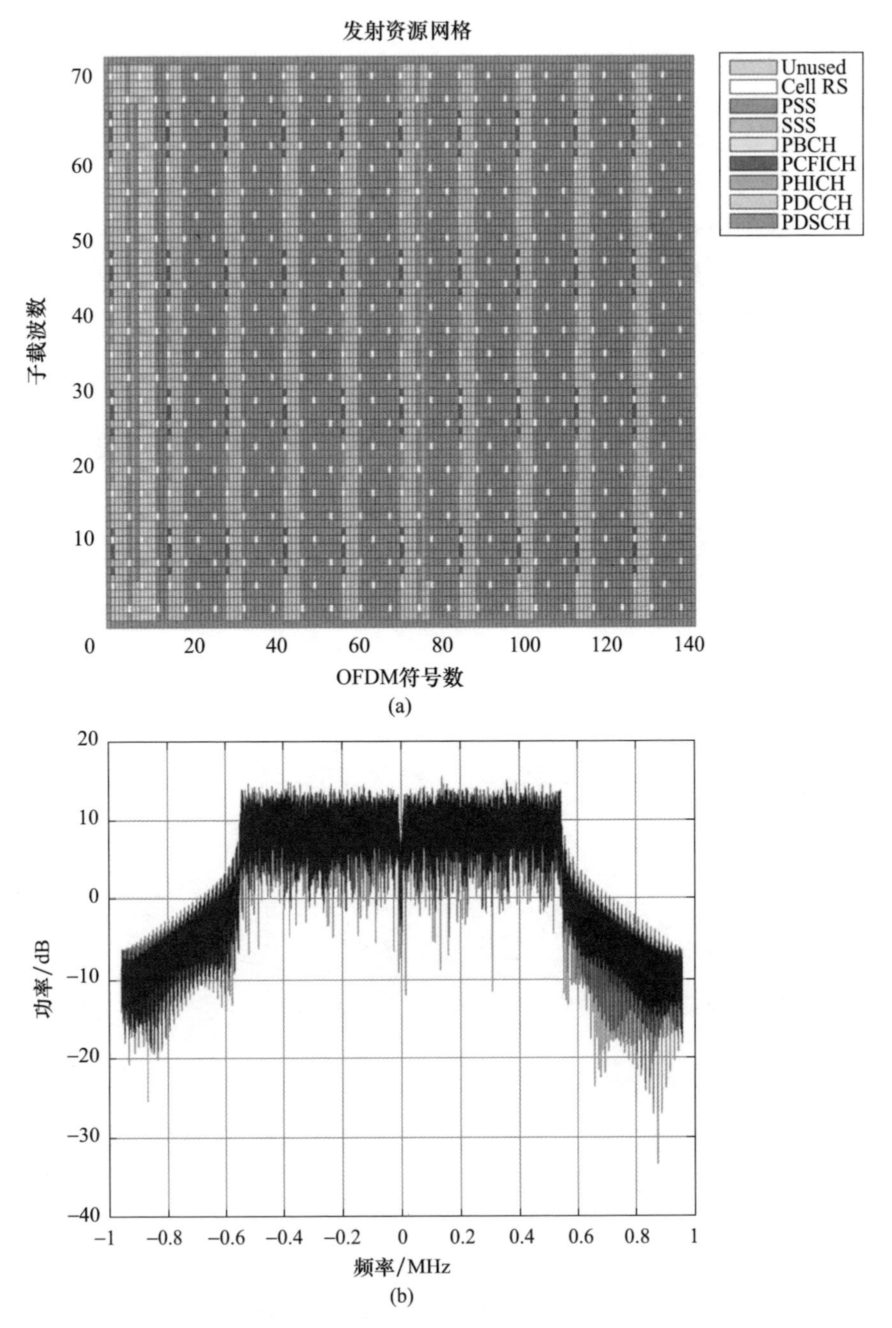

图 3.10　(a)资源网格[22]；(b)1.4MHz 的 LTE 信号的频谱

Unused－未使用；Cell RS－小区参考信号 ；PSS－主同步信号；SSS－辅同步信号；PBCH－广播物理信道；PCFICH－控制格式指示物理信道；PHICH－HARQ 指示物理信道；PDCCH－下行控制物理信道；PDSCH－物理下行共享信道。

为了便于进行信道估计并发送控制信号，会周期性地发送导频、同步和控制信道，因而形成了循环平稳特征。文献[23-24]中针对OFDM和LTE下行链路传输的循环平稳性展开了相应研究，并分析了不同环境下的相关特征。循环平稳特性影响了信号的总体时频特性及其在雷达应用中的效能。

图3.10所示为LTE信号的频谱，这个例子展示了包含6个资源块（72个子载波）、总时长10ms（模拟了一个完整的无线电帧，这个帧由10个1ms的子帧构成，即X轴上的140个OFDM符号）、频率1.4MHz的LTE信号的资源网格（顶部）和频谱。可见，频谱基本上是平坦的，类似于噪声。

图3.11给出了LTE信号的模糊函数。可以看出，在原点处出现一个峰值，在相对于该峰值大约-30dB处有一个大致均匀的旁瓣电平，但由于循环前缀（CP）是原始符号的部分重复（复制），因此副峰也非常明显。对于扩展CP，文献[23]给出了类似结果，其中也表现出一个副峰。

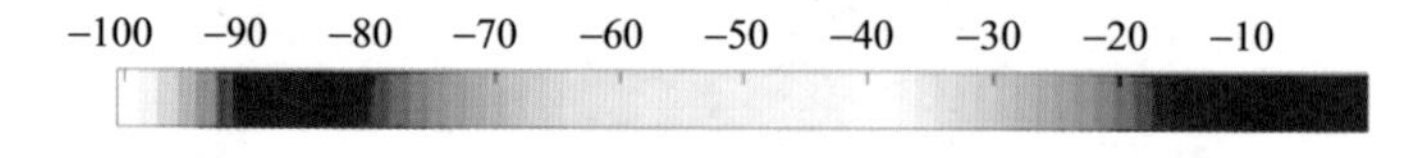

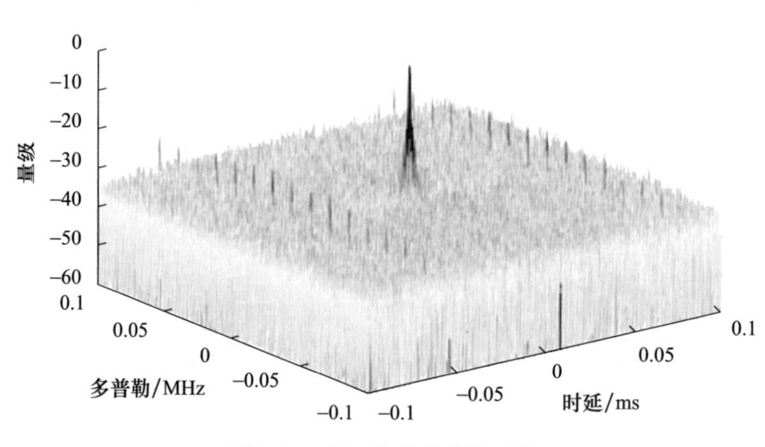

图3.11 LTE信号的模糊函数

尽管这种模糊函数对于雷达应用来说已经非常适用，但目前仍在研究和探索如何进一步对该模糊函数进行优化[25-26]。第10章将对此做进一步说明。

3.3.4 地面数字电视广播

OFDM技术的另一个应用实例是地面数字电视广播（DVB-T）信号[27-28]。文献[29]中对DVT-T信号格式做了完整的描述，在此仅做一个简要概述。在不同的工作模式下，这些信号使用2000或8000个子载波。OFDM符号来自3个不同的数据流。

(1)MPEG－2 数据:数据流经位随机分配、外部编码和内部编码,然后映射到信号星座图中。如此产生了总带宽约为 7MHz 的平坦的类噪声频谱(图 3.12)。根据工作模式,对数据载波采用 QPSK、16－QAM 或 64－QAM 调制。

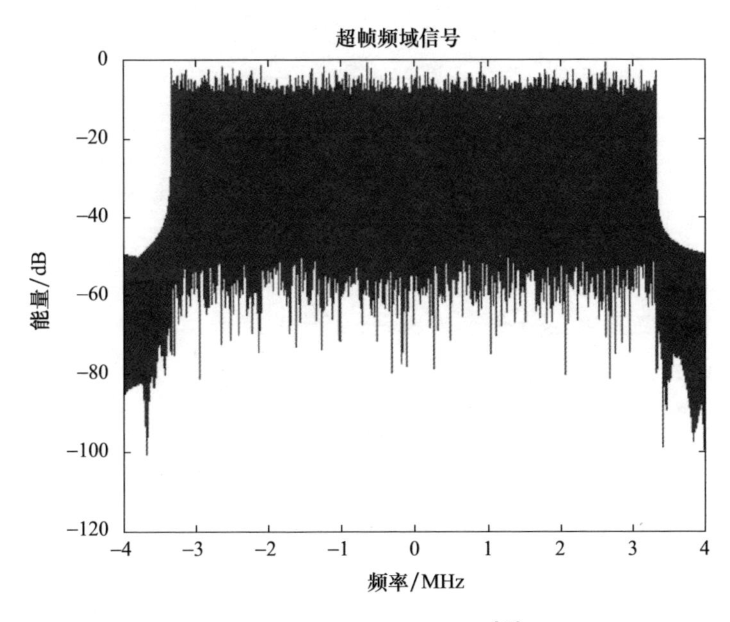

图 3.12　DVB－T 信号频谱[27]

(2)传输参数信令(TPS):TPS 载波提供传输方案参数。TPS 标准定义了载波位置,其位置不会发生变化。

(3)导频定义:在接收信号的解调和解码过程中,接收机使用导频符号。导频有两种类型:分散导频(间隔均匀)和连续导频(符号连续占用同一个载波)。

相应的模糊函数类似于图 3.10 中的模糊函数,在原点处有一个窄峰,还有一些较小的次旁瓣。有关 DVB－T 信号模糊函数的改进方法,见文献[28,30]。

3.3.5　5G

为全面起见,在此对 5G 通信也做一些探讨。许多国家正在推出 5G 宽带通信,这是物联网(IoT)和智慧城市等举措的一部分。其应用广泛,覆盖交通、建筑、医疗和能源领域。5G 的发展趋势是更小的网格、更高的频率和更大的带宽。在本书撰稿期间,将 5G 应用于无源雷达基本上还处于初期阶段,但可以预计的是,5G 在无源雷达上的应用将是相对近距离的,并且可以利用 5G 信号的大带宽来提供高距离分辨率。

5G 天线可安装在路灯柱上(图 3.13)。式(2.11)的一些简单计算表明,100mW 的发射功率将在地面 100m 范围内提供约 8×10^{-7}W/m 的功率密度。

图 3.13　路灯柱上的 5G 接入点（阿拉米图片社供图）

可惜，有试图将 5G 天线杆（以及其他射频和微波辐射源）产生的辐射与对人类健康的其他有害影响联系起来。国际非电离辐射防护委员会（ICNIRP）等组织基于热（非电离）效应，在区分职业暴露人群和普通公众的原则下，确定了最大暴露限值[31]。其中职业暴露人群是指为完成其职业职责而在受控条件下暴露的成年人，他们受过相应的培训并了解相关的风险评估和预防措施。全身暴露平均超过 30min 的情况下，ICNIRP 限值为：

职业暴露人群：$f/40\mathrm{W/m^2}$（400MHz～2GHz）

$50\mathrm{W/m^2}$（2～300GHz）

普通公众：$f/200\mathrm{W/m^2}$（400MHz～2GHz）

$10\mathrm{W/m^2}$（2～300GHz）

其中，f 为频率（MHz）。

可以看出，表 3.1 最右列中的电平比上述数值要低许多个量级。

3.3.6　Wi-Fi 和 WiMAX

使用无源雷达执行近距监测的应用中，另一类备受关注的信号是 Wi-Fi 局域网（LAN）、IEEE 802.11[32] 和 WiMAX 城域网（MAN）以及 IEEE 802.16[33-34] 的无线传输。IEEE802.11b 和 IEEE802.11g 标准适用 2.4GHz 频段，而 IEEE802.11a 适用 5GHz 频段。Wi-Fi 标准适用低功率、近距离，主要用于室内，因此可用于建筑物内的监测或近距室外应用；WiMAX 标准可提供较广的覆盖范围（可达几万米），因此可能更适用于口岸或港口监测等。

有关 IEEE802.11Wi-Fi 调制格式及其作为雷达信号的用途详见文献[35]。距离分辨率的数量级为 25m，其峰值距离旁瓣电平约为 18dB。多普勒分辨率由积分时间的倒数确定，具有相对较高的旁瓣电平，数量级约为 6dB。有效全向辐射功率（EIRP）取决于具体的接入点和天线，但最多为几百毫瓦的量级。

文献[36－38]对有关 802.16WiMAX 信号的使用及其模糊函数特征进行了说明。图 3.14 取自文献[38]，显示了一帧 WiMAX 下行链路信号的实测模糊函数。

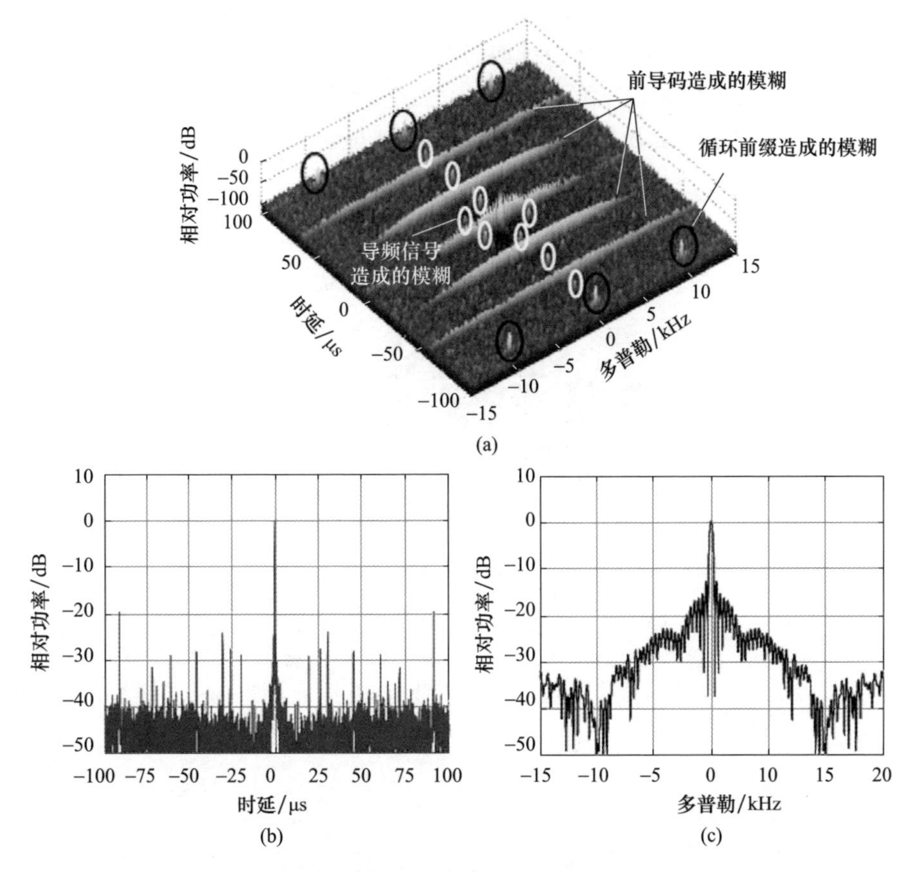

图 3.14 (a)一帧 WiMAX 信号的实测模糊函数；(b)零多普勒切面图；(c)零距离切面图

图 3.14 显示该模糊函数近似于理想的图钉状，10MHz 信号带宽对应的距离分辨率约为 15m，帧长对应的多普勒分辨率约为 330Hz。然而，如 3.3.3 节中所讨论的，该图还反映了由前导码引起的脊状模糊和由导频信号和循环前缀引起的点模糊。图 3.14（b）显示了零多普勒切面图（不同距离下的点目标响应），图 3.14（c）显示了零距离切面图（不同多普勒下的点目标响应）。

文献[36，38]讨论了为降低这些模糊的程度可采用的失配滤波技术。

3.3.7 DRM 数字广播

数字广播调制的另一种形式是用于高频无线电广播的 DRM 数字广播调制

格式。在 DRM 中,使用高级音频编码(AAC)结合频带复制(SBR)对数字化音频流进行源编码,从而在时分复用为两个数据流(在接收机端进行解码所需)之前降低数据率。随后应用 COFDM 信道编码方案,标称使用 200 个子载波和这些子载波的一个 QAM 映射来传输编码数据。该方案被设计用于对抗信道衰落、多径和多普勒扩展,允许在最苛刻的传播环境中接收数据[39]。图 3. 15 所示的模糊函数具有清晰的峰值和相对均匀的旁瓣电平和结构,这与本章中讨论的其他数字调制格式相同。在该示例中,由距离范围所确定的信号的距离分辨率为 16km,多普勒分辨率为 12. 5Hz,当然,积分时间越长,可获得的多普勒分辨率越好。

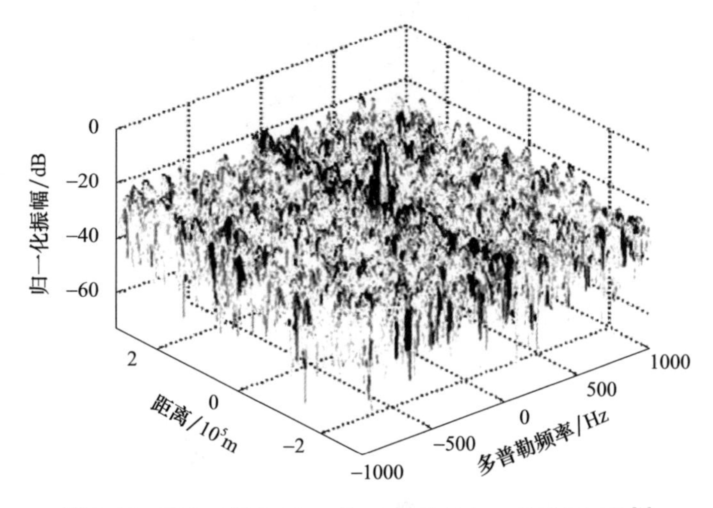

图 3. 15　积分时间为 80ms 的 DRM 信号归一化模糊函数[5]

3. 4　垂直面覆盖范围

无源雷达系统的性能不仅取决于波形,还取决于照射源的覆盖范围。用于广播和通信的发射机,其覆盖范围根据服务要求进行优化,且发射机往往部署在山顶或高楼上。水平面上通常是全向覆盖,但一些手机基站的水平面覆盖范围为 120°扇区。垂直面覆盖范围的优化,通常会避免在水平面上方出现功率浪费,并且在某些情况下,可能将波束向下倾斜 1°左右。

文献[40 - 41]中发表了典型无源双基雷达发射机(VHF 调频和 DVB - T)的实测垂直面场强图示例。这些图案可以改绘成一种更有意义的形式(图 3. 16),从而反映目标照射功率密度随俯仰角正弦函数降低的关系。可以看出，VHF 调频发射机的天线具有相对较高的旁瓣，但 DVB－T 发射机阵列允许对天线辐射方向图进行更大的控制，因而旁瓣会较低。

第 2 章中的无源雷达方程可变形为：

$$\frac{S}{N}=\frac{P_{\mathrm{T}}G_{\mathrm{T}}G_{\mathrm{R}}\lambda^{2}\sigma_{b}G_{p}}{(4\pi)^{3}R_{\mathrm{T}}^{2}R_{\mathrm{R}}^{2}kT_{0}BFL} \tag{3.4}$$

重新整理式（3.4）后得到：

$$R_{\mathrm{R\,max}}=\sqrt{\frac{P_{\mathrm{T}}G_{\mathrm{T}}G_{\mathrm{R}}\lambda^{2}\sigma_{b}G_{p}}{(4\pi)^{3}R_{\mathrm{T}}^{2}(S/N)_{\min}kT_{0}BFL}} \tag{3.5}$$

该式（3.5）显示，$P_{\mathrm{T}}G_{\mathrm{T}}$ 每减少 10dB，针对指定目标的最大检测距离 R_{R} 缩减的系数为 3.3（图 3.17）。即使在俯仰面旁瓣的尖峰，这种影响也是显著的，在旁瓣之间的无信号区，影响更明显。

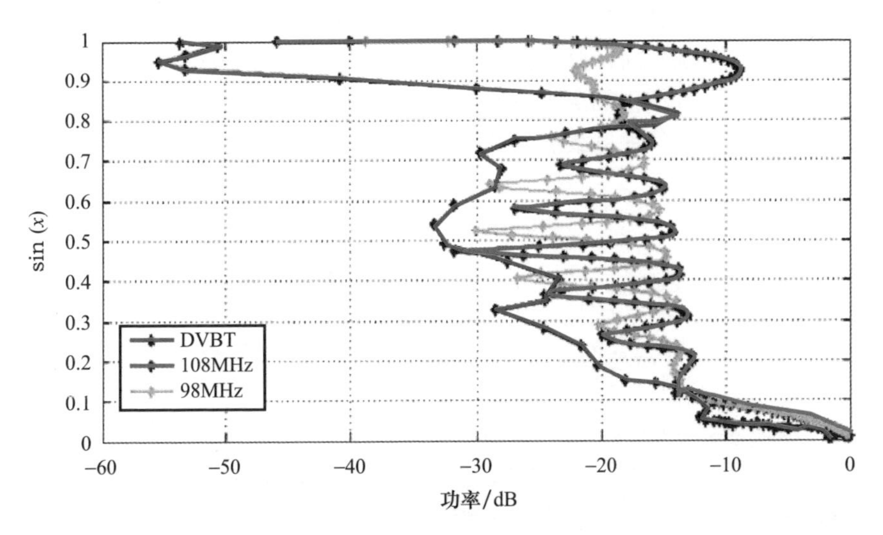

图 3.16　98MHz、108MHz 的 BBC VHF 调频无线电发射机和 8 区 DVB－T 发射机的实测垂直面天线辐射方向图（纵坐标为发射机俯仰角的正弦值）

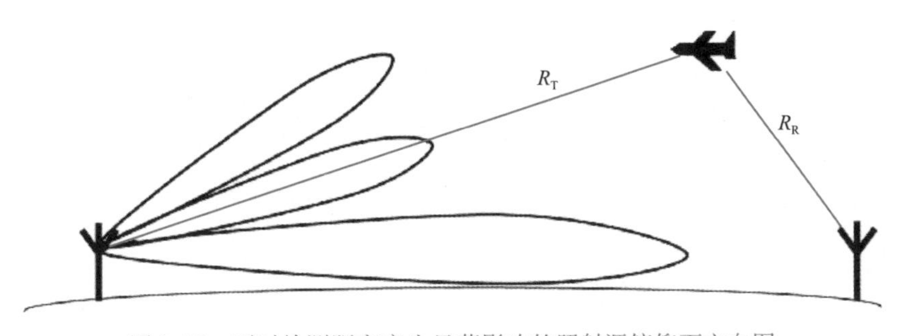

图 3.17　可对检测距离产生显著影响的照射源俯仰面方向图

3.5 星载照射源

在过去几十年中，卫星广播和导航的消费规模大幅增长，这意味着有大量的信号可用于无源雷达用途。

地球同步轨道卫星与近地轨道（LEO）卫星之间有着重要的区别，对于地球同步轨道卫星来说，对目标场景的照射是恒定和连续的；而对于近地轨道卫星来说，照射很短暂（最多只有几秒），但能覆盖全球或近全球范围。本章开头提到过，重要的信号参数包括目标处的功率密度和波形。对于广播、通信或导航系统而言，不论使用什么天线（例如 DBS TV 的抛物面天线或 GNSS 手持式接收机），都要保证在地球表面的功率密度可提供适当的信噪比；而对于航天雷达来说，它们要保证雷达接收机能收到可检测到的回波，因而这个功率密度就更高了。因此，这种信号更适合用作无源雷达照射源。

图 3.18 归纳了各种星载照射源的参数[42]。

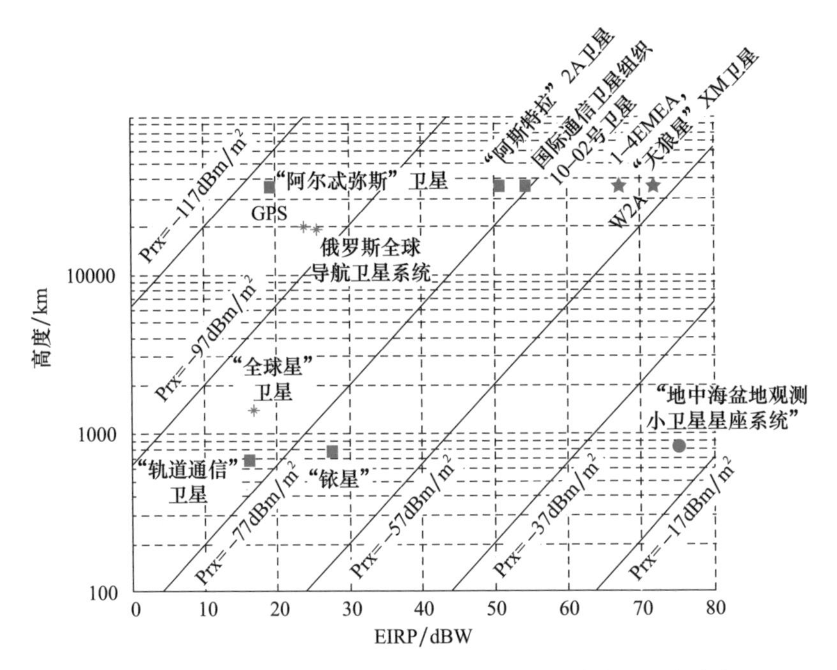

图 3.18 各类星载照射源在地球表面的 EIRP、卫星高度和功率密度（Prx）

3.5.1 全球导航卫星系统

全球导航卫星系统（GNSS）是卫星导航的总称，包括最初的美国导航卫星定时测距系统(NAVSTAR)全球定位系统(GPS)和俄罗斯全球导航卫星系统(GLONASS),以及2020年推出的欧洲伽利略(Galileo)卫星导航系统、中国北斗-3卫星系统(BeiDou-3)和印度区域导航卫星系统(NAVIC)。虽然GPS最初是为军事用途开发,并具有军用代码和民用(低分辨率)代码,但GNSS现在广泛用于家用和商业车辆导航(卫星导航)和测量领域。

GNSS信号一般在L波段工作,由伪随机噪声(PRN)码调制(GPS使用CDMA,GLONASS使用FDMA)。每个系统由轨道高度约2万km的卫星星座组成。表3.2归纳了GPS系统、GLONASS系统和GALILEO系统的轨道参数,图3.19描绘了GPS卫星轨道星座。

表3.2　GPS系统、GLONASS系统和GALILEO系统的轨道参数[43]

参数	GPS系统	GLONASS系统	GALILEO系统
主动卫星数量/个	24	24	30
轨道平面数量/个	6	3	3
轨道倾角/(°)	55	64.8	56
轨道高度/km	20183	19130	23616
轨道周期	11h58min00s	11h15min40s	14h4min
绝对速度(m/s)	3870	3950	3720

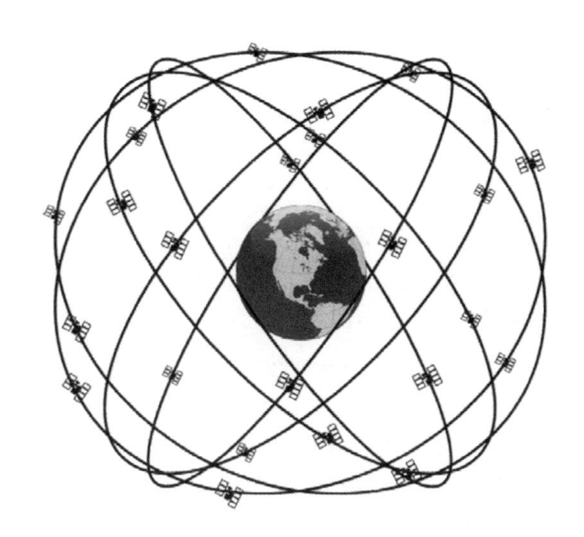

图3.19　GPS卫星轨道星座图

3.5.2　卫星电视

地球同步卫星位于赤道上方,高度为35786km,以24h为周期围绕地球运行。其最初的概念由科幻作家阿瑟·克拉克(Arthur C. Clarke)于1945年在其出版的小说中提出[44]。地球静止卫星看起来是固定的,主要用于卫星电视广播和海上通信(INMARSAT)等用途。

卫星电视天线设计用于覆盖特定的陆地区域,这意味着其对海洋区域的覆盖情况较差。卫星电视信号在 Ku 波段工作。每颗卫星通常有 27 个应答机,每个应答机的带宽为 27 ~ 50MHz。发射机的 EIRP 通常为 55dBW,在地球表面提供约 -107dBW/m^2 的功率密度[45]。DVB - S 调制格式与 DVB - T 类似。

3.5.3 国际海事通信卫星

国际海事通信卫星(INMARSAT)系统用于海上通信,目前由地球同步轨道上的 12 颗卫星组成。最新的 INMARSAT - 5 可提供高速全球快捷宽带服务,包括 3 颗卫星。

(1) Ⅰ - 5 F1 EMEA,位于东经 63°;

(2) Ⅰ - 5 F2 美国和大西洋海域,位于西经 55°;

(3) Ⅰ - 5 F3 太平洋海域,位于东经 179°。

宽带全球区域网(BGAN)通过地球同步轨道卫星提供与船舶和飞机的通信。下行链路为 L 波段,每个信道带宽 200kHz(432kb/s),共有 630 个信道、228 个点波束,EIRP 为 +67dBW,可在地球表面提供 $3\times10^{-10}\text{W/m}^2$的功率密度。

吕(Lyu)等研究了这种信号用于无源雷达的形式[46]。采用 16 - QAM 调制及 0.25 根余弦整形滤波。通过对几个相邻信道进行组合,研究人员展示了一个峰值旁瓣电平为 -18.7dB 的模糊函数。然而,距离分辨率仍然相当低,并且由于功率密度,需要相当大的积分增益。

3.5.4 铱星

铱星(IRIDIUM)网络是由 66 颗近地轨道卫星组成的星座,共 6 个轨道,每个轨道有 11 颗卫星,高度为 781km,为卫星电话和寻呼机提供全球语音和数据覆盖。系统上行链路和下行链路均使用 1616 ~ 1626.5MHz 频段,分成 240 个信道,每个信道带宽为 41.67kHz。调制格式为 TDMA,帧长为 90ms。每帧始于 20.32ms 的单工时隙,接着是 4 个上行链路时隙和 4 个下行链路时隙,每个时隙长度为 8.28ms。

吕等还研究了这种信号应用于无源雷达的形式[47]。通过将多个临近信道进行组合,研究人员展示了 -18.7dB 的峰值旁瓣电平。然而,距离分辨率还是很低,并且由于功率密度,需要相当大的积分增益。

3.5.5 星链

星链(STARLINK)为近地轨道卫星星座,提供宽带互联网接入,由太空探索技术公司(Space X)运营[48]。截至本书撰稿时,已发射了 1600 余颗星链卫星。星链卫星轨道分 5 层排列,高度为 540 ~ 570km。这些卫星使用相控阵天线在地球表面提供蜂窝结构,卫星之间可实现自由空间光学通信。用户终端是扁平的,据说为一个比萨盒大小,具有电子束扫描,可提供 50~150Mb/s 的预期数据率。据称这种低轨道及在地面提供高功率密度的优点是卫星会在到寿时脱离轨道并燃烧。

星链星座能提供近全球覆盖,在地球表面形成较高的信号带宽和相对较高的功率密度,因此将这些传输用作无源雷达照射源是很受欢迎的,并且,在本书撰稿时,有几个研究团体正在研究基于星链传输的无源雷达。

3.5.6　近地轨道雷达遥感卫星

自 20 世纪 70 年代中期以来,近地轨道卫星被广泛用于地球物理遥感。这类卫星通常携带一套光学、红外和雷达仪器,来自近地轨道雷达的信号可用作无源雷达照射源。以该种方式使用的雷达主要为合成孔径雷达(SAR),不过原则上也可以使用其他类型的星载雷达(雷达高度表、散射仪)。

近地轨道卫星位于近极轨道,通常以 100min 的轨道周期提供几乎全球覆盖,在 3~30 天的固定间隔后轨道方向图会重复。

卫星 SAR 信号一般是带宽从几十兆赫到几百兆赫的线性调频脉冲,频率从 L 波段到 X 波段都有。脉冲重复频率为千赫量级,之所以选择这个量级是为了避免距离和多普勒模糊。信号以高功率从指向子卫星轨道一侧的大型天线辐射出去(图 3.20),而且最新的 SAR 设计包括多种模式,这些模式所包含的俯仰平面扫描(SCANSAR)可增加条带宽度,以及/或方位平面扫描可提高分辨率(聚光灯模式)。许多设计还包含多种极化模式,可辐射水平和垂直极化相交替的脉冲,此外一些设计(TanDEM-X 和 COSMO-SkyMed)还包含由多颗卫星组成的星座,可以进行干涉实验[49]。

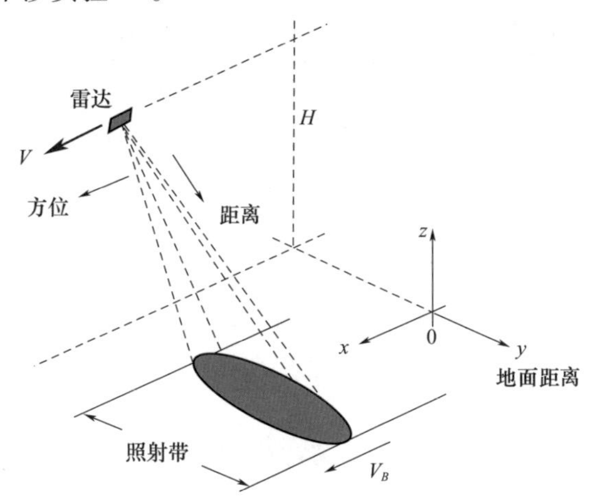

图 3.20　卫星 SAR 几何关系
(天线朝向子卫星轨道一侧,可照射到成像目标场景的一个条带)

图3.21 显示了从星载 SAR(图中为欧洲航天局 ENVISAT 卫星携带的 ASAR 仪器)直接接收信号的例子。即使使用小型喇叭接收天线,信噪比也达到了 25dB。该图显示了线性调频脉冲在时域和频域上的序列。

使用一副指向朝上的天线和一台单独的接收机很容易获得一个干净的直达信号,图 3.21 中的结果正是由此得来的。

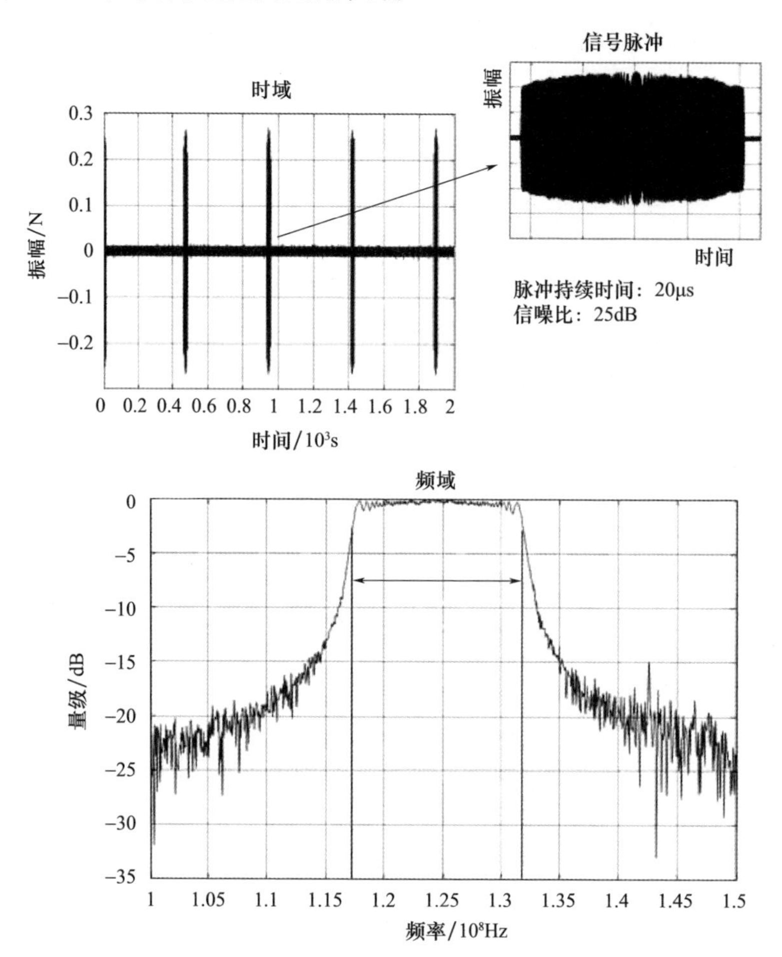

图 3.21 从欧洲航天局 ENVISAT SAR 接收到的直接雷达脉冲
(脉冲为线性调频脉冲,持续时间为 20μs,带宽为 15MHz[50])

3.6 雷达照射源

最后一类照射源是雷达发射机,其技术称为“搭便车”。这类照射源可以是合作照射源,发射机的位置、频率、脉冲长度、脉冲重复频率和天线扫描模式是已知的,并且可以进行优化;这类照射源也可以是非合作照射源。雷达发射机可以为地面、机载或舰载发射机。

如同 3.5 节中讨论的星载照射源一样,雷达发射机的信号非常适于无源雷达工作,这类信号通常由规则脉冲重复频率的脉冲组成。其模糊函数非常理想。此外,目标处的功率密度也会很高。

无源雷达接收机需要与脉冲发射的瞬间和发射天线的指向同步。在大多数情况下,雷达发射机将在方位上进行扫描(图 3.22),通常,在整个发射机方位扫描角度范围内无法检测到来自雷达的直达信号。然而,可以在无源雷达接收机处使用飞轮时钟获取脉冲重复频率和发射天线指向,每当天线波束扫过时,飞轮时钟就会重新同步[51]。

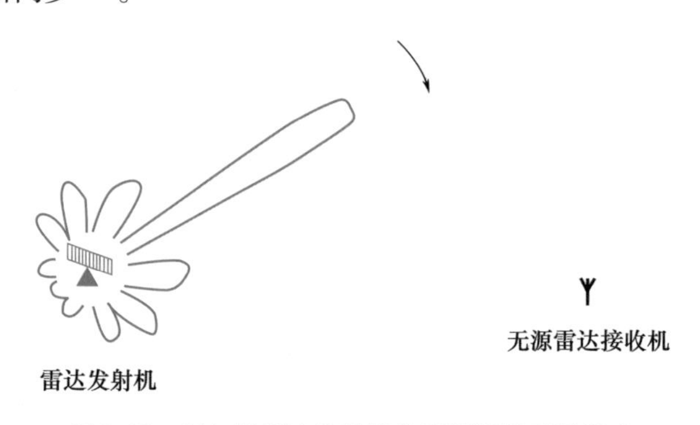

图 3.22　以扫描雷达发射机为照射源的无源雷达

如果无源雷达要使用定向天线,这种情况是可取的,因为既可以提供角度分辨又可以提供增益,在这种情况下,其波束必须在空间内跟随发射脉冲,从而指向该瞬间目标回波到来的方向。这称为脉冲追赶,如图 3.23 所示[52]。瞬时接收波束方向为

$$\theta_{\mathrm{R}} = \theta_{\mathrm{T}} - 2\arctan\left(\frac{L\cos\theta_{\mathrm{T}}}{R_{\mathrm{T}} + R_{\mathrm{R}} - \sin\theta_{\mathrm{T}}}\right) \tag{3.6}$$

其中各符号的定义见图 3.23。重要的是要意识到,接收波束并不指向目标的瞬时位置,而是指向目标回波到达接收机瞬间的到达方向。因此,在发射瞬间之后的时间 t_1,脉冲已经到达点 A,但是接收波束必须指向点 B,算上从点 B 到接收机的传播时间。此外,接收波束的扫描速率是高度非线性的,当波束垂直于脉冲传播方向时,扫描速率最快。

这种快速且非线性的扫描速率不能通过机械扫描实现,因此接收天线必须是电子扫描阵列,这意味着失去了无源雷达最重要的一个潜在优势(简单且低成本)。

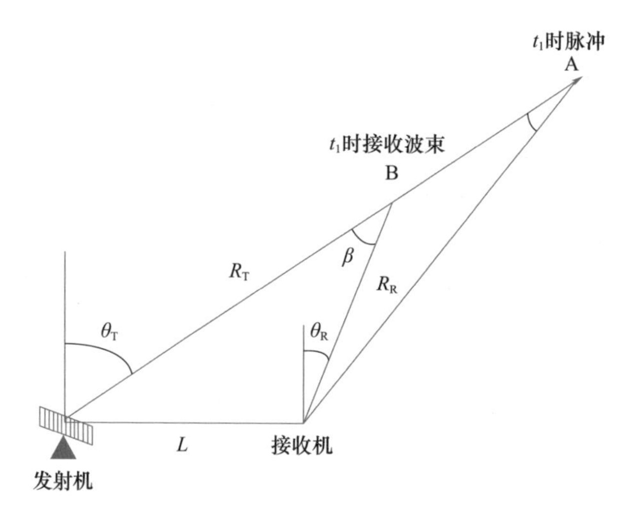

图 3.23　脉冲追赶：接收机波束必须快速进行非线性速率扫描

最后，在所有类型的雷达照射源中，还应提到的一类是高频超视距（OTH）雷达。该类雷达工作于高频（HF）频段（2～30MHz），其信号经过电离层反射后到达非常远的距离[53]。电离层反射特性根据一天中的时间、一年中的时间和太阳黑子周期而变化，根据电离层的反射特性自适应地选择频率以实现期望的距离，并且该类雷达的信号是编码脉冲。此外，这些信号也可用作双基搭便车的来源。

总的来说，雷达发射机由于信号已经针对雷达进行过优化，并且目标处的功率密度很高，因而非常适合用作无源雷达的照射源。然而，如果接收机使用定向天线，则必须使用脉冲追赶，这会显著导致复杂和增加成本。文献[51,54]描述了使用全向接收天线的两个系统，表明至少对于某些应用来说可以避免复杂性和成本增加的情况。

3.7　小结

本章回顾了可用于无源雷达的照射源的特征。这些特征是决定无源雷达系统性能的基础，因此需要对其进行了解和量化，以便选择合适的照射源。关键参数包括目标处的功率密度、波形的性质和覆盖范围。无源雷达可以使用的信号范围很广。与单基雷达一样，模糊函数提供了一种简洁的方式从距离和多普勒两个维度来显示波形特征，如分辨率、模糊度和旁瓣结构。然而，在双基雷达中，模糊函数不仅取决于波形，而且取决于双基几何关系。

本章重点介绍了数字调制格式，因为数字调制格式在通信、广播和无线电导航中越来越多地取代了模拟调制。当使用模拟信号时，模糊函数一般是时变的，并且取决于节目内容特性。数字信号则通常更类似于噪声，其模糊函数不取决于节目内容并且不具时变性。然而，数字调制格式中的周期性特征将产生模糊函数中相应的周期性特征。本章介绍了几种不同的调制格式。基于 OFDM 的调制格式可抑制多径效应，因而得到越来越广泛的应用。

本章考虑了地面照射源的俯仰面覆盖范围的影响。在实际运用中，这种影响可能会成为一种明显的限制，尤其是对于大俯仰角空中目标的检测和跟踪。

本章就一些星载照射源进行了介绍，包括近地轨道遥感 SAR、GNSS 以及卫星电视和国际海事通信卫星等地球同步照射源。近地轨道遥感 SAR 信号的优势在于，信号针对雷达用途进行过优化，目标处的功率密度高，但照射时间短。来自地球同步轨道卫星的信号明显较弱，但能提供连续照射，因此具有积分增益的潜力（针对合适目标）。

最后，本章还讨论了传统的雷达照射源，对应的技术称为"搭便车"。其信号也针对雷达用途进行过优化，且目标处的功率密度高。然而，如果接收机使用定向天线，则必须使用脉冲追赶，这会导致复杂性和成本显著增加。

参考文献

[1] Woodward, P. M. , *Probability and Information Theory, with Applications to Radar*, Pergamon Press, 1953; reprinted by Artech House, 1980.

[2] Tsao, T. , et al. , "Ambiguity Function for a Bistatic Radar", *IEEE Transactions on Aerospace and Electronic Systems*, Vol. 33, No. 3, July 1997, pp. 1041 – 1051.

[3] Ringer M. A. , and G. J. Frazer, "Waveform Analysis of Transmissions of Opportunity for Passive Radar", *Proc. ISSPA' 99*, Brisbane, August 22 – 25, 1999, pp. 511 – 514.

[4] Griffiths, H. D. , et al. , "Measurement and Analysis of Ambiguity Functions of Off – Air Signals for Passive Coherent Location", *Electronics Letters*, Vol. 39, No. 13, June 26, 2003, pp. 1005 – 1007.

[5] Thomas, J. M. , H. D. Griffiths, and C. J. Baker, "Ambiguity Function Analysis of Digital Radio Mondiale Signals for HF Passive Bistatic Radar", *Electronics Letters*, Vol. 42, No. 25, December 7, 2006, pp. 1482 – 1483.

[6] Griffiths, H. D. , and C. J. Baker, "Passive Bistatic Radar," Chapter 11 in *Principles of Modern Radar*, Vol. 3, W. Melvin, (ed.), Raleigh, NC: SciTech Publishing, 2012.

[7] Torre, A. , and P. Capece, "COSMO – SkyMed: The Advanced SAR Instrument", *5th International Conference on Recent Advances in Space Technologies (RAST)*, Istanbul, June 9 – 11, 2011.

[8] Taşdelen, A. S., and H. Köymen, "Range Resolution Improvement in Passive Coherent Location Radar Systems Using Multiple FM Radio Channels", *IET Forum on Radar and Sonar*, London, November 2006, pp. 23 – 31.

[9] Bongioanni, C., F. Colone, and P. Lombardo, "Performance Analysis of a Multi – Frequency FM Based Passive Bistatic Radar", *IEEE Radar Conference*, Rome, May 26 – 30, 2008.

[10] Olsen, K. E., "Investigation of Bandwidth Utilisation Methods to Optimise Performance in Passive Bistatic Radar", Ph. D. thesis, University College London, 2011.

[11] Olsen, K. E., and K. Woodbridge, "Performance of a Multiband Passive Bistatic Radar Processing Scheme – Part I", *IEEE AES Magazine*, Vol. 27, No. 10, October 2012, pp. 17 – 25.

[12] Olsen, K. E., and K. Woodbridge, "Performance of a Multiband Passive Bistatic Radar Processing Scheme – Part II", *IEEE AES Magazine*, Vol. 27, No. 11, November 2012, pp. 4 – 14.

[13] Zaimbashi, A., "Multiband FM – Based Passive Bistatic Radar: Target Range Resolution Improvement", *IET Radar, Sonar and Navigation*, Vol. 10, No. 1, January 2016, pp. 174 – 185.

[14] Christensen, J. M., and K. E. Olsen, "Multiband Passive Bistatic Radar Coherent Range and Doppler Walk Compensation", *IEEE Int. Conference RADAR 2015*, Arlington VA, May 11 – 14, 2015, pp. 123 – 126.

[15] Saini, R., and M. Cherniakov, "DTV Signal Ambiguity Function Analysis for Radar Application", *IEE Proc. Radar, Sonar and Navigation*, Vol. 152, No. 3, 2005, pp. 133 – 142.

[16] Rappaport, T., *Wireless Communications: Principles and Practice*, 2nd ed., Upper Saddle River, NJ: Prentice – Hall, 2001.

[17] Tan, D. K. P., et al., "Passive Radar Using the Global System for Mobile Communication Signal: Theory, Implementation and Measurements", *IEE Proc. Radar, Sonar and Navigation*, Vol. 152, No. 3, June 2005, pp. 116 – 123.

[18] 3*GPP Standard, LTE; Evolved Universal Terrestrial Radio Access (E – UTRA)*; Base Station (BS) radio transmission and reception (3GPP TS 36. 104 version 10. 2. 0 Release 10).

[19] http://media. ofcom. org. uk/news/2013/winners – of – the – 4g – mobile – auction/.

[20] Dahlman, E., S. Parkvall, and J. Sköld, *4G – LTE/LTE – Advanced for Mobile Broadband*, New York: Elsevier, 2013.

[21] *LTE: Evolved Universal Terrestrial Radio Access (E – UTRA), 3GPP standard document*, ETSI TS – B6. 211 V10. 0. 0, 2011.

[22] http://uk. mathworks. com/.

[23] Sutton, P. D., K. E. Nolan, and L. E. Doyle, "Cyclostationary Signatures for Rendezvous in OFDM – Based Dynamic Spectrum Access Networks", *IEEE DySPAN 2007*, Dublin, April 17 – 20, 2007.

[24] Alhabashna, A., et al., "Cyclostationarity – Based Detection of LTE OFDM Signals for Cognitive Radio Systems", *IEEE Globecom Conference 2010*, Miami, FL, December 6 – 10, 2010.

[25] Evers, A., and J. Jackson, "Analysis of an LTE Waveform for Radar Applications", *IEEE Radar Conference 2014*, Cincinnati, OH, May 19 – 23, 2014.

[26] Griffiths, H. D. , I. Darwazeh, and M. I. Inggs, "Waveform Design for Commensal Radar," *IEEE Int. Radar Conference 2015*, Arlington, VA, May 11 – 14, 2015, pp. 1456 – 1460.

[27] Harms, H. A. , L. M. Davis, and J. E. Palmer, "Understanding the Signal Structure in DVB – T Signals for Passive Radar Detection", *IEEE Int. Radar Conference 2010*, Washington, D. C. , May 10 – 14, 2010, pp. 532 – 537.

[28] Palmer, J. E. , et al. , "DVB – T Passive Radar Signal Processing", *IEEE Transactions on Signal Processing*, Vol. 61, No. 8, April 2013, pp. 2116 – 2126.

[29] *Digital Video Broadcasting (DVB): Framing Structure, Channel Coding and Modulation for Digital Terrestrial Television (DVB – T)*, 1st ed. , European Telecommunications Standards Institute, March 1997.

[30] Berger, C. R. , et al. , "Signal Processing for Passive Radar Using OFDM Waveforms", *IEEE J. Selected Topics in Signal Processing*, Vol. 4, No. 1, February 2010, pp. 226 – 238.

[31] "ICNIRP Guidelines for Limiting Exposure to Electromagnetic Fields (100kHz to 300GHz)", *Health Phys.* , Vol. 118, No. 5, 2020, pp. 483 – 524, https://www. icnirp. org/en/activities/news/news – article/rf – guidelines – 2020 – published. html.

[32] *IEEE Standards: Information Technology. Part 11: Wireless LAN Medium Access Control (MAC) and Physical Layer (PHY) Specifications* (IEEE Std 802. 11TM – 1999). *Supplements and Amendments* (IEEE Stds 802. 11aTM – 1999, 802. 11bTM – 1999, 802. 11bTM – 1999/Cor 1 – 2001, and 802. 11gTM – 2003).

[33] *IEEE Standard for Local and Metropolitan Area Networks Part 16: Air Interface for Fixed Broadband Wireless Access Systems*, Rev. IEEE Standard 802. 16 – 2004, October 2004, (revision of IEEE Standard 802. 16 – 2001).

[34] *IEEE Standard for Local and Metropolitan Area Networks Part 16: Air Interface for Fixed and Mobile Broadband Wireless Access Systems Amendment 2: Physical and Medium Access Control Layers for Combined Fixed and Mobile Operation in Licensed Bands and Corrigendum 1*, Rev. IEEE Standard 802. 16e – 2005 and IEEE Standard 802. 16 – 2004/Cor 1 – 2005, February 2006 (amendment and corrigendum to IEEE Standard 802. 16 – 2004).

[35] Colone, F. , et al. , "Ambiguity Function Analysis of Wireless LAN Transmissions for Passive Radar", *IEEE Transactions on Aerospace and Electronic Systems*, Vol. 47, No. 1, January 2011, pp. 240 – 264.

[36] Colone, F. , P. Falcone, and P. Lombardo, "Ambiguity Function Analysis of WiMAX Transmissions for Passive Radar", *IEEE Int. Radar Conf.* , Arlington, VA, May 10 – 14, 2010, pp. 689 – 694.

[37] Wang, Q. , Y. Lu, and C. Hou, "Evaluation of WiMAX Transmission for Passive Radar Applications", *Microwave and Optical Technology Letters*, Vol. 52, No. 7, 2010, pp. 1507 – 1509.

[38] Higgins, T. , T. Webster, and E. L. Mokole, "Passive Multistatic Radar Experiment Using WiMAX Signals of Opportunity Part 1: Signal Processing", *IET Radar, Sonar and Navigation*, Vol. 10, No. 2, February 2016, pp. 238 – 247.

[39] Hoffman, F., C. Hansen, and W. Shäfer, "Digital Radio Mondiale(DRM) Digital Sound Broadcasting in the AM Bands", *IEEE Transactions on Broadcasting*, Vol. 49, No. 3, September 2003, pp. 319 – 328.

[40] Millard, G. H., *The Introduction of Mixed – Polarization for VHF Sound Broadcasting: the Wrotham Installation*, Research Department Engineering Division, British Broadcasting Corporation, BBC RD 1982/17, September 1982.

[41] O'Hagan, D. W., et al., "A Multi – Frequency Hybrid Passive Radar Concept for Medium Range Air Surveillance", *IEEE AES Magazine*, Vol. 27, No. 10, October 2012, pp. 6 – 15.

[42] Cristallini, D., et al., "Space – Based Passive Radar Enabled by the New Generation of Geostationary Broadcast Satellites", *IEEE Aerospace Conf.*, Big Sky, MT, March 2010.

[43] Eissfeller, B., et al., "Performance of GPS, GLONASS and Galileo", *Photogrammetric Week' 07*, D. Fritsch, (ed.), Heidelberg, Wichmann Verlag, 2007, pp. 185 – 199.

[44] Clarke, A. C., "Extra – Terrestrial Relays", *Wireless World*, October 1945, pp. 305 – 308.

[45] Griffiths, H. D., et al., "Bistatic Radar Using Satellite – Borne Illuminators of Opportunity", *IEE Int. Radar Conference RADAR – 92*, Brighton; IEE Conf. Publ. No. 365, October 12 – 13, 1992, pp. 276 – 279.

[46] Lyu, X., et al., "Ambiguity Function of Iridium Signal for Radar Application", *Electronics Letters*, Vol. 52, No. 19, September 15, 2016, pp. 1631 – 1633.

[47] Lyu, X., et al., "Ambiguity Function of Inmarsat BGAN Signal for Radar Application", *Electronics Letters*, Vol. 52, No. 18, September 2, 2016, pp. 1557 – 1559.

[48] https://fcc.report/IBFS/SAT – LOA – 20161115 – 00118.

[49] Griffiths, H. D., C. J. Baker, and D. Adamy, "SAR System Design", Chapter 35 in *Stimson's Introduction to Airborne Radar*, 3rd ed., Raleigh, NC: SciTech Publishing, 2014.

[50] Whitewood, A., C. J. Baker, and H. D. Griffiths, "Bistatic Radar Using a Spaceborne Illuminator", *IET Int. Radar Conference RADAR 2007*, Edinburgh, October 15 – 18, 2007.

[51] Schoenenberger, J. G., and J. R. Forrest, "Principles of Independent Receivers for Use with Co – Operative Radar Transmitters", *The Radio and Electronic Engineer*, Vol. 52, No. 2, February 1982, pp. 93 – 101.

[52] Jackson, M. C., "The Geometry of Bistatic Radar Systems", *IEE Proc.*, Vol. 133, Pt. F, No. 7, December 1986, pp. 604 – 612.

[53] Headrick, J. M., and J. F. Thomason, "Applications of High – Frequency Radar", *Radio Science*, Vol. 33, No. 4, July – August 1998, pp. 1045 – 1054.

[54] Hawkins, J. M., "An Opportunistic Bistatic Radar", *IEE Int. Radar Conference RADAR 97*, Edinburgh, October 14 – 16, 1997, pp. 318 – 322.

第4章

无源雷达与单频网络

第3章描述了数字编码波形，并说明了数字编码波形在无源雷达中的适用性。数字编码波形不仅应用广泛，而且发射机功率通常很高，能够实现远程空中目标检测。此外，它能够在世界许多地区提供全面覆盖，并且波形的具体结构也非常适合雷达。实际上，数字编码波形信号的应用变得越来越广泛，而且这种趋势还将持续，这不足为奇。随着数字编码波形的使用日渐容易，基于数字编码波形的系统也已经成为大量研究和开发工作的主题。

近年来，频谱拥塞问题日益严重，促使人们更有效地去利用现有的电磁频谱，于是带来了广播系统的发展，而广播系统的核心就是单频网络（SFN）。在单频网络广播中，信号以一个固定带宽的发射机载波频率发送给用户，因此单频网络占用的电磁频谱较少。适合用作无源雷达机会照射源的最常见的单频网络是电台[数字音频广播（DAB）]和电视[数字视频广播电视（DVB-TV）]。这种类型的发射机也越来越多地配置为单频网络，其广泛应用自然而然地引起了空中监测无源雷达设计师们的关注，把它当作唯一照射源，或是诸多照射波形中的一种。然而，无源雷达系统要得到有效的设计和使用，还需要根据单频网络的特性额外考虑一些问题。

本章介绍了基于单频网络的无源雷达的基本原理，并从系统设计、实现和总体性能等方面分析了其优缺点。尽管已有文献报道过影响单频网络利用的诸多因素，但都未将其作为独立概念进行综合性说明。单频网络的特征和特性，尤其是波形的具体设计，面临各种典型的挑战，必须克服这些挑战才能实现高水平的总体性能。但与此同时，单频网络具有覆盖范围广、检测距离远、性能水平高的优势，并具备简化系统的潜力。

4.1 单频网络

总体而言，地面数字广播网络可分为两大类。

(1)多频网络(MFN)。其中单台发射机使用不同频率承载相同或不同的节目内容。

(2)单频网络(SFN)。其中多台发射机使用相同频率,承载相同节目内容以满足覆盖范围要求。

根据传输频率的可用性、地形和要求的覆盖类型,可以选择使用其中一种网络。因此,不同国家会按照不同方式选择网络类型,各国内部也可能存在这种差异。

在单频网络中,任意一台给定接收机(如电台或电视接收机)都可以监测到覆盖区域内的多台发射机。这为信号接收提供了一定程度的冗余,主要是为了提高服务的可用性。由于传播路径内存在障碍物,因此来自各发射机的场强会有所不同,并且这种情况对于移动接收更加明显。如果在某一给定位置和给定时间,某一台指定接收机能“看到”多台发射机,则场强的差异会相对较小。所以当使用的单频网络可以得到有效利用时,这种几何关系固有的空间分集特征就会带来网络增益的概念。总体而言,相比于用一台发射机覆盖某个区域的情况,单频网络可设计用于在相同的覆盖区域内提供更加均匀的接收电场强度分布。图4.1所示为单频网络和一台移动接收机的示意图,其中包括了多径反射。

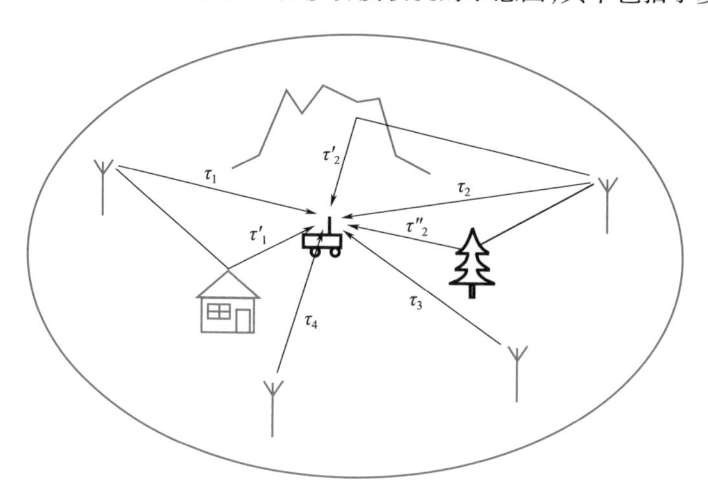

图4.1 单频网络

DVB-T和DAB等数字广播系统为使用单频网络提供了可能。在这些单频网络中,所有发射机使用相同频率覆盖某个特定区域的全部或部分。对于DVB-T和DAB而言,可使用3.3节所述的COFDM调制方案来避免单频网络内部干扰。文献[1]中给出了DVB-T波形信号结构的一个例子。单频网络已广泛部署多年,用于广播有诸多优点,但也有一些缺点。

单频网络的第一个优点是提高了电磁频谱的利用率。简而言之,单频网络能够使用单个频率来服务覆盖区域的全部或部分，而不需要使用多个频率、占用更大带宽。单频网络也为特定网络的设计提供了灵活性。部署单频网络或多频网络（或二者结合）的能力使得网络规划更加自由，可针对任意给定场景选择最合适的解决方案。

第二个优点是网络增益。单频网络中，接收机从各发射机接收多个信号，网络增益便是接收机使用所有信号的到达功率的能力。例如，可以将保护间隔内到达的信号组合起来，增加接收信号的总功率，从而整体增加总接收功率以抵消增加的多径效应，特别是像 COFDM 波形，其设计目的就是尽可能消除多径效应。这也是使用无源雷达的一个潜在优点。

单频网络中有多台发射机时，可改善接收信号，产生网络增益，尤其是移动网络和便携式网络的增益。简单来说，接收环境可用瑞利信道模型描述来表征，严重的多径会导致通带上出现多个深波纹的信道响应。通常，单频网络会引入来自多个站点的多路传输，这意味着不止一台发射机为多个位置的接收机提供服务。这种特性带来了一定程度的信号分集，信号分集通常可用于改善接收信号，而多频网络中没有信号分集。从接收机的角度来看，多台发射机从不同方向以相同频率发射相同信号，可以减少不同位置的信号场强变化。例如，如果一个信源被遮挡，其他信源的信号仍然可接收，那么在某些接收机站点接收到的由传播路径中存在障碍物而导致的单台发射机的场强变化就会减小。因此，与多频网络相比，单频网络能产生更均匀的场强分布，并且确保了在覆盖范围内任何可能位置都可接收到信号。这是网络增益的两个主要作用之一。

第三个优点是单频网络可通过增加发射机来对网络覆盖进行适当调整或完善，而不需要重新规划频率的使用，也不需要额外协调频率，继而更容易实现覆盖质量的逐步提高且成本也更低。

单频网络根据各种标准进行分类。它们可以按照几何关系分类，即覆盖区域的物理或地理大小。这种简单分类方式通常定义为大（半径≥100km）、中（25km≤半径＜100km）、小（半径＜25km）。它们也可以按照政治关系分类，即国家、区域或地方这种更宽泛的定义。它们还可以按照结构分类，即由特定发射机基础设施提供的覆盖范围。有些国家可能希望模拟发射机网络继续用于数字电视，因此比如一台主站及其中继站就可以运行区域或地方单频网络。也有些国家可能希望对大面积单频网络使用密集式或分布式的发射机网络，此时的覆盖范围就是指由特定发射机网络布局所提供的覆盖范围。单频网络还有另一个结构性的区分方式，即开放网络或封闭网络。在开放网络中，对于覆盖范围以外区域不会采取降低辐射水平的措施。而在封闭网络中，在预期覆盖区域内服务不降级的情况下，会有意降低覆盖范围以外区域的辐射电平，这可以通过在覆盖区域外围附近的发射站上使用定向天线来实现。

总体而言，单频网络的目标是更有效地使用电磁频谱，其具体设计和部署旨在实现比同等情况下的多频网络更均匀的场强分布，这对于移动平台上的便携式接收和移动接收尤其重要。在移动接收情况下，单频网络在围绕覆盖区域移动时不需要接收机切换频率，从而实现更简单、更低成本的接收机设计。单频网络可包含数量众多的发射机，这意味着在任何给定的接收机位置都可以监测到多达10台发射机。在无源雷达应用中，这样的优点是具有更高的可用总功率，并且平滑了功率变化，提高了检测性能。但这样做也存在模糊性方面的挑战，由于相同的信号从多个不同位置的发射机发射，因此任何一个目标都会以相同形式被多次检测到，但距离和多普勒速度不同。随着目标数量的增加，模糊程度也会增加。

4.2 单频网络结构

本节探讨了针对广播用途的单频网络，其设计和可使用的结构形式，对无源雷达的功能及由此可实现的性能水平具有根本影响。例如，在覆盖大区域的真实网络中，发射机之间相距甚远。如果将其设计为封闭网络，那么相比于开放网络，在覆盖区域以外的给定距离处产生的干扰将更少。这是因为干扰电平主要取决于最靠近覆盖区域边界的发射机在指定方向上的辐射功率电平。然而，把单频网络用作无源雷达的机会照射源时，如果单频网络为开放网络，只要进行适当集成，就可以扩大其覆盖范围，因为照射区域的总功率电平更大了。还应当注意，在单频网络覆盖区域的边界附近可能会使用定向发射天线，可能不易被无源雷达所利用。

DAB和DVB－T发射机的位置可以是已建成天线杆的现有站点，也可以是使用新型二选一网络架构的新站点。这些位置和架构将影响DVB－T形式的选择和频率要求。发射机站点的数量及其间隔距离因不同地形和不同国家而异，也取决于国家的大小和边界条件的属性。对于地面数字广播，在人口密集地区，发射机站点之间的间距通常在30～50km，而在人口密度较低的地区可能在75～125km。此外，还要选择单频网络的密度。单频网络可以由间隔较近的中低功率站点组成，而不是间隔较远的高功率发射机。总体而言，单频网络的体系架构和部署方式非常广泛，每种都会对无源雷达及其可实现的性能产生影响。

例如，前几章提到过的发射机之间的间隔距离和地理分布，都会直接影响无源雷达的几何关系，进而影响雷达性能。当使用一组单频网络机会照射源时，情况同样如此。此外，发射机之间的间隔距离也将决定发射波形各方面的详细设计，包括如何设置保护间隔的持续时间等。

发射天线具有全向或定向的方向图。在靠近或沿着国界线或海上国界线的站点,定向天线通常是首选,因为它们能够减少服务区域以外的干扰,且能量利用更有效。对于高功率和中功率发射机尤其如此,定向天线能产生更高的电磁频谱使用效率。定向天线对无源雷达的设计覆盖范围具有直接且显著的影响。例如,在上述靠近海上国界线的情况下,如果使用定向天线,则在减少向沿海水域发射信号的同时可能会对海上检测距离产生不利影响。

单频网络设计的变化性还体现在对于有效高度超过 100m 的天线会使用波束倾斜。波束倾斜用于将来自高功率站点的辐射引导至覆盖区域内的外缘区域,同时降低远距情况下产生干扰的可能性。此外,在距离和高度不理想的情况下,还可以降低无源雷达对空中目标的灵敏度。因此,在评估接收机位置和接收天线的设计方案时,必须着重考虑这些细节。

本章前面提到过,单频网络可以与多频网络组合使用。这可能发生在使用高功率主站的多频网络内,如果该主站不能覆盖整个区域,则可以使用低功率中继站来填补空白区域或进行转发,中继站与其主站使用相同的频率,来实现对整个区域的覆盖。这种情况下,无源雷达设计时可以选择使用多频网络内可用的其他频率。这里显而易见的是无源雷达的性能将随着其覆盖范围的变化而变化,但其实所有雷达系统的性能都是随其视场内当前环境而变化的。换句话说,我们要更多地掌握性能如何变化以及如何应对这种变化,从而尽可能地去预测可以检测到什么目标,以及在什么情况下可以检测到目标。广播网络,特别是单频和多频结合的网络还有其他一些优点。例如,单频网络可提供空间分集,多频网络可提供频率分集,二者结合可增强对低 RCS 目标的检测能力,并有可能实现对微型无人机等更具挑战性物体的远程检测。

前面探讨了决定单频网络设计和布局的影响因素,其中凸显了单频网络设计的多样性。接下来,我们研究单频网络如何影响无源雷达的使用,要实现有效运行必须考虑哪些额外的处理,以及最终对可实现的性能有哪些影响。

4.3　单频网络无源雷达

单频网络无源雷达系统的基本构成见图 4.2。在这个例子中,参考通道接收的直达波来自 3 台发射机,监测通道接收来自同样 3 台发射机并分别从目标反射后的信号。在此之前,我们忽略了可能存在的多径分量,仅考虑自由空间情况。在多频网络中,每台发射机发送不同频率的信号,即使内容相同,也可以通过使用信道化接收机或宽带数字化和数字滤波来轻松分离各个信号。之后,可以如前几章中所述进行无源雷达的检测和跟踪处理。然而,如果所有发射机发送的信号在设计细节上相同，且以相同的载波频率发射，则它们将不能彼此区分，导致可能增加检测模糊度，并需要增加后续处理组件。因此，我们发现了基于单频网络的无源雷达系统的一个基本特性，即模糊问题。不过，在描述这一特性前，还需要首先考虑无源雷达使用的信号形式以及检测到目标之前的早期处理。

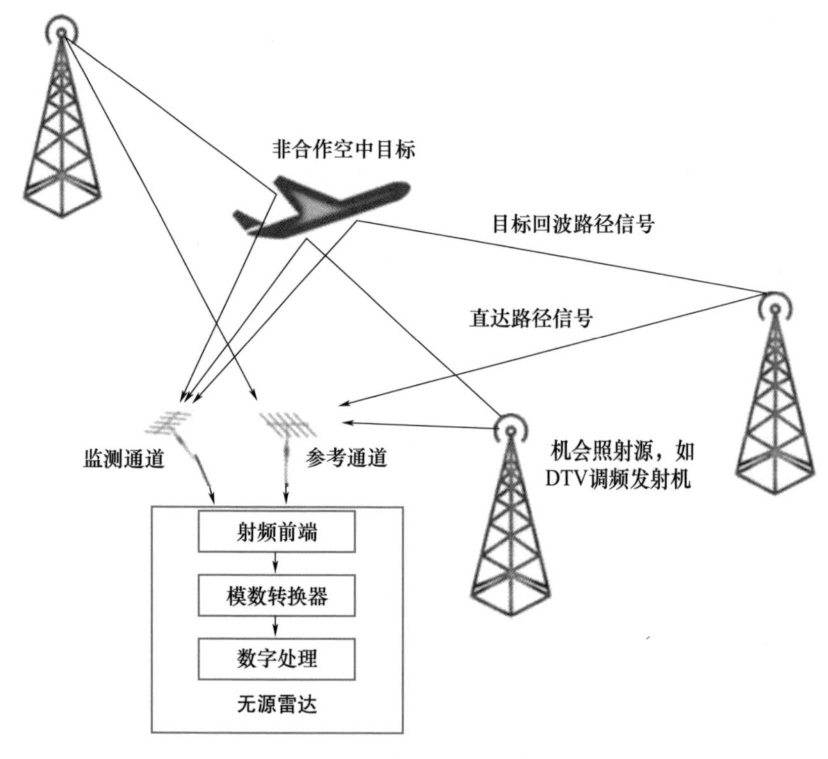

图 4.2　SFN 无源雷达系统的示意图

3.3.1 节描述了 COFDM 波形设计的基本原理，3.3.4 节描述了 DVB－T 部署的基本特征。这里，针对使用单频网络照射源的无源雷达概念，我们来探讨与其功能相关的波形设计中需考虑的方面。例如，DVB－T 信号具有两个截然不同的分量，其中一部分是带随机编码的数据流，其频谱平坦类似于噪声，带宽约为 7MHz[2-3]；另一部分包含一些确定性元素，例如导频载波和传输参数信令（TPS）载波，分别用于同步和发射机参数估计。COFDM 波形之间还有保护间隔（在电视应用中，可以根据需要改变这种保护间隔的持续时间，以应对局部多径条件）。波形中存在的重复信号会引起模糊性，并且信号所固有的循环平稳特性会导致距离和多普勒模糊。这可以从图 3.11 的示例中看出来，随机分量导致在原点（零多普勒、零距离）处有着明显的尖峰，但从时域中也可以看到，在由重复定位和相位确定的距离和多普勒处还有一个清晰可见的副峰。任何使用多频网络或仅使用一台发射机的无源雷达都具有这一特点，于是研究人员提出了各种方案来确保这些波形特征不会对目标检测和跟踪性能产生不利影响[4-5]，采用的方法包括失配距离-多普勒滤波以及参考信号与监测信号预处理等，可抑制距离-多普勒图的尖峰，并由此消除了模糊响应的概率。采取这些措施的目的是充分缓解模糊问题，提高雷达检测性能，使其尽可能接近受噪声限制的情况。

在多台发射机以相同频率发射相同信号（与单频网络一样）的情况下，需要增加信号处理，这是因为到达任意一个接收机位置的信号都包含了参考信号的多个副本，这些副本到达的时延由发射机与接收机的相对位置决定，这也是参考通道要测量的内容。而在监测通道中会存在类似的复杂的直达穿透信号，也会有发射信号经观测环境中的目标和其他物体反射后形成的多个副本。由于会接收到由多台发射机发射的信号的多个副本，因此在交叉模糊函数的输出中可观察到每个目标有着多个回波或鬼影，这就是检测和定位模糊。

即使在单台发射机发射单一频率的情况下，由于存在多径效应，也会出现参考信号的多个副本以及多个反射信号。因此，无论无源雷达系统是否基于单频网络，都必须采取相应技术去除或至少有效减小发射信号多重副本的有害影响。这样，为单频网络无源雷达开发的技术也可应用于多频网络或单台发射机的情况。

文献[5-8]中记录了解决这一问题的许多方式，通常使用编码、时间和空间域滤波的组合来减少直达波干扰，从而减少多个零多普勒目标回波和杂波。图 4.3 中考虑了仅包括两台发射机和一台接收机的单频网络无源雷达系统情况，并在接收机站点测量了直达信号和监测信号。

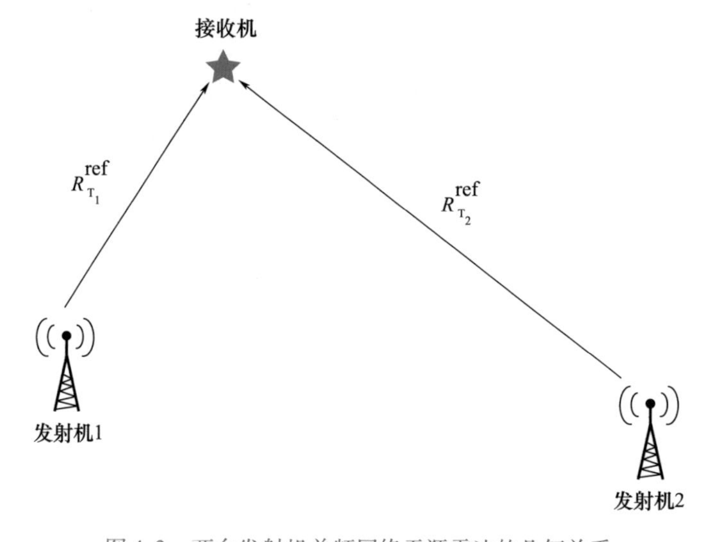

图 4.3　两台发射机单频网络无源雷达的几何关系

假设为自由空间传播,直接接收到的参考信号可以记为两个传输信号的和,二者的差分延迟是它们与接收机相对位置的函数,即

$$S_{\mathrm{ref}} = AS_0\left(t - \frac{R_{\mathrm{T}_1}^{\mathrm{ref}}}{c}\right) + BS_0\left(t - \frac{R_{\mathrm{T}_2}^{\mathrm{ref}}}{c}\right) + n(t) \tag{4.1}$$

式中:$S_0(t)$为单频网络发射信号的形式;t 为时间(s);A 和 B 为接收信号强度的常数;$R_{\mathrm{T}_1}^{\mathrm{ref}}$和$R_{\mathrm{T}_2}^{\mathrm{ref}}$为两台发射机与接收机之间的距离;$n(t)$为加性高斯噪声;$c$ 为传播速度(m/s)①。

正如前几章所述,无源雷达的第一阶段处理可以认为是直达参考信号函数与监测通道中目标回波间接信号函数的互相关。这个过程通过增加时延和多普勒完成,从而生成预设的距离-多普勒图。然后,可以应用常规处理来检测目标和抑制杂波,之后完成定位和跟踪。这里,针对单频网络中使用的发射信号存在多个延时副本的影响,我们可以首先考虑直达信号的自相关函数形式,以此揭示直达波泄漏的影响。仔细看式(4.1)可以发现这里有 3 个分量。

(1)第一个分量与最近的(因此通常也是最强的)发射机相关,通常出现在相对时延和多普勒都为零时。如果只有单台发射机,那么这一个分量就是直达波,可用作参考信号,它也将是监测通道中直达波干扰的可能来源,其处理方法见第 5 章。

(2)第二个分量对应接收到来自最近的发射机和第二台发射机的信号的时间差。由于这两个信号相同,它们会按这个时延与最大值相互关联。相关的量值取决于每台发射机所发射信号的相对强度以及它们与接收机的相对位置。该分量也会泄漏到监测通道中,加剧直达波泄漏的问题。

(3)第三个分量对应的时延差与第二个分量相同,但经过相关处理,其为第一个分量的相对时延的负值。信号经处理后,该分量的量级和效果与第二个分量相同。

图 4.4 展示了用于实验收集数据的监测接收机和参考接收机之间的互相关示例[6]。该示例使用天线阵列采集数据,并采用常规波束形成。也就是说,这两个信号的接收近似于上面提到的接收机在同一位置的情况。两台发射机所发射信号之间存在相对时延,与该时延有关的 3 个预期峰值在图 4.4 中用蓝色圈圈出。

可以看到,相比于仅使用单台发射机的一般情况,这是一种更为复杂的直达波泄漏形式。这种信号形式会产生与单发射机无源雷达相同的效果,那就是增强零多普勒或低多普勒速度的静态杂波,并通过旁瓣提高本底背景噪声,以及降低无源雷达对低 RCS 目标的灵敏度。

再具体一点,就是这种类型的零多普勒响应带来了一些特殊的不良特性。在非零时延处出现高值副峰实际上相当于把零多普勒和低多普勒杂波扩展到比

① 译者注:原文中此处最后两个符号缺失。

单台发射机情况下更多数量的距离单元。因此，这会造成更大量的频谱泄漏，提高距离－多普勒面上的整体本底噪声背景。而由于本底噪声增加，目标灵敏度也会有所损失，直接表现为检测距离缩短。

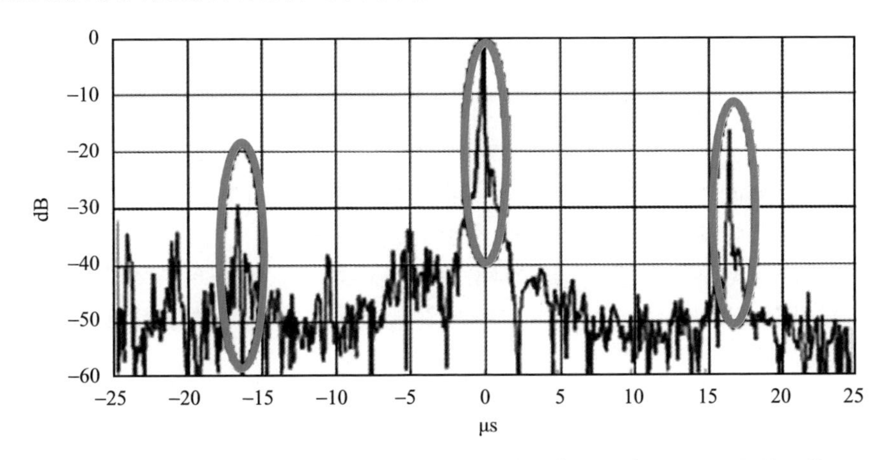

图 4.4　天线阵列在同一位置情况下监测通道和参考通道之间的互相关函数

除了会让直达波泄漏变得更复杂之外，参考信号中的其他分量会检测出多个目标，导致出现模糊的鬼影目标。例如，在双发射机单频网络中，如果实际中仅存在一个目标，在距离－多普勒图上却可以观测到多达 8 个明显目标。由于两台发射机处于不同位置，就会产生两个目标，它们的距离和距离变化速率都不相同，同时由于参考函数中插入了发射信号的副本（有时延），因此还会存在两个鬼影目标。换句话说，两个参考函数与两台发射机的信号两两组合，每个组合都存在回波响应，于是总共产生 4 个目标。另外还将存在第二组 4 个目标，它们是第一组目标的镜像，但时延和多普勒为负。因此，在一个非常简单的双发射机单频网络中，通过从每个发射机位置发射相同信号，总共将产生 8 个目标响应。显然，如果这个单频网络更大或是存在多个目标，则距离－多普勒图上将迅速显示出令人迷惑的大量回波。所有这些回波都必须经过提取后才能分配给正确的目标。这个过程需要足够准确，才能保证随后的检测（从后面距离－多普勒图上所见）实现正确的关联且形成明确的轨迹。此外，还必须采取措施来减少距离－多普勒图内更复杂的杂波环境。如果存在两台以上的发射机，并且达到几十个量级，那么多个目标的问题将大大加剧。因此，如果不在早期处理阶段就采取适当步骤去除单频网络无源雷达的这些不良属性，那么将很难实现对目标检测及其目标对应位置的明确提取和正确关联。

因此，单频网络无源雷达必须克服两大挑战。

（1）直达波干扰程度提高，形式更加复杂，导致无源雷达总体灵敏度性能降低、后续检测性能损失。

(2)出现多个模糊目标回波,包括鬼影目标,这会导致模糊,如果不进行适当处理,这种模糊会传播到整个信号处理过程。

这两个问题叠加可能导致单频网络雷达性能根本无法实现。为了克服这些障碍,可对数据进行预处理,目的是消除监测通道中的直达波干扰,从而产生等效于来自单台发射机的参考信号。之后再采取必要方法将多个回波对应到正确的目标。这两个步骤结合起来,会降低高电平杂波和模糊目标出现的概率。这些处理方法还会带来其他意想不到的好处,即可以解决由于存在多条传播路径而引起的类似问题,因为多径实际上类似于使用单频网络。与单台发射机相比,单频网络无源雷达系统中更有可能出现多条传播路径。

对于单频网络无源雷达,有多种数据预处理和后处理方法,旨在克服一些会造成严重限制的问题。这里我们将按照文献[5-8]中的要点对这些基本思想和概念进行介绍。

4.3.1 消除单频网络直达波干扰

有几种方法可用于处理单频网络中传输信号的多重副本,同时尽量减少这种复杂信号直接泄漏到监测通道中。第一种方法是导出单纯的或简化的参考信号。换句话说,这个信号等同于由单台发射机发射的信号,而不是来自单频网络中所有发射机信号(以及以其他方式到达接收机的所有多径分量)的组合。基于我们对每台发射机发送的信号形式有着明确的了解,这一点是可以实现的。例如,可以解调 DVB-T 信号,并从载波提取数据,然后重新调制形成理想的参考函数,即消除因从单频网络中的多台发射机发射或由于多径而形成的信号副本[4]。

监测信号中的零多普勒分量可以被调制为通过自由空间路径直接接收的理想信号经加权和延迟的副本的叠加。然后可以采用简单减法,使用这个零多普勒分量表达式来消除监测通道中直达信号的直流泄漏。该方法还可以通过加权滤波实现自适应应用,使被抵消的信号中的直流功率最小化。

第二种方法是使用基于自适应调零天线的空间滤波来降低监测通道在直达波入射方向上的灵敏度。这可以使用辅助天线来实现,也可以通过在基于阵列的监测天线中应用自适应调零技术来实现。在许多实际情况下,监测天线都采用圆形阵列形式,圆形阵列的优点是具有不受视角限制的均匀的波宽和波形。同样,可以采用自适应技术来尽可能降低总接收功率。已公开报道的许多系统(见第9章)使用了相对较少的阵元,导致其波宽非常大,因此角分辨率较低。阵元数量较少意味着形成零陷的自由度很低。因此,这将限制可形成的零陷个数以及每个零陷的精确度,进而直接影响任意观测方向上的盲区数量和大小。一般来讲,大阵列具有增益更高、检测距离更远以及对多个目标的分辨率更好的额外优点。目标检测能力得到提升,再加上模糊可能性降低,也有助于后续跟踪性能的提升。由更多阵元组成的大阵列也将使得零陷控制更加精确,且更容易实现直达波泄漏的空间抑制。然而,应当注意的是,要成功实现空间调零还将取决于局部环境,而能否调零又决定了多径分量的数量和角度定位。

这两种时域和空域处理的方法原则上可以组合成一个体系,从而获得最佳的总体泄漏抑制水平。组合应用的目的是充分降低背景信号电平,最好能降到接收机本底噪声电平,通过提高雷达灵敏度实现弱目标检测。确切的提高程度取决于当前局部环境,据报道最高可提高 16dB[6]。在实际操作中,这还取决于局部杂波电平、多径分量的数量和严重性,以及雷达硬件的设计和参数。然而,与未应用抑制技术的情况相比,预计单频网络无源雷达系统的检测距离可提高至少 1 倍。

4.3.2　消除目标模糊

通过对监测通道中接收的直达波的多个副本进行抑制,能够减少直流杂波,提高灵敏度,从而改善检测距离。通过生成各发射机发射信号的一个单纯副本,也可以减少鬼影目标数量;否则,由于发射信号的延时副本组合,在网络的倍增效应、监测通道回波和参考函数的共同作用下,会在距离 - 多普勒图上形成诸多鬼影目标。

这种形成过程使得每个双基收发对都能检测到每个物理目标,而其距离和多普勒取决于双基几何关系。例如,在双发射机单频网络中,经过解调之后重新调制产生了纯参考信号,但针对单个物理目标,在距离 - 多普勒图上仍然会形成两个回波,每台发射机发射的信号都有一个回波。由于这些重复目标,要在单频网络无源雷达系统中明确检测到目标已经没有不出错的办法。显而易见,当一个单频网络中的发射机多于 10 台,情况可能会变得极其复杂,会产生更大量的多重模糊回波,解析难度大大增加。如果存在数量庞大的物理目标,那么这个问题还将进一步加剧。

单频网络还有一个复杂特征,那就是为了减少预期接收区域内的干扰,通常在每台发射机处都会引入网络时延,这会让事情变得更具挑战性。对于单频网络内的不同发射机,这些时延可能并不相同。因此,单频网络内的发射机不再进行时间同步。时延可相差几微秒,导致到达无源雷达接收机的相对时间变得未知。因此,这种目标时延会在距离上产生未知偏移,目标关联和模糊抑制问题也变得更加复杂。

原则上,如果可以将每个检测到的回波对应到正确的发射机,则可以解决模糊问题,这样就可以准确掌握所有发射机位置、接收机位置以及所有单频网络发射时延。诚然,实现目标定位需要多台发射机,并且原则上发射机越多,结果就会越准确。但在单频网络中,由于所有发射机信号都相同,要做到将检测到的目标关联到每台发射机并不容易,这就不可避免地会导致模糊。如果能够解决模糊问题，那么原则上多个测量值应该可以改善目标位置估计。因此，在单频网络无源雷达系统中，需要解决两个不确定性，才能实现目标跟踪准确无模糊。首先是测量值与目标之间的关联，其次是测量值与发射机之间的关联。文献[9－12]中提出了一些技术，尝试实现稳妥的解决方案。概括来说，这些技术分为两类：一类是旨在挖掘单频网络相关知识的技术，另一类是试图通过将假设检验应用到目标跟踪来解决模糊问题的技术。也可能存在尝试结合这两类技术的组合形式。

下面假设采用的检测方法是在距离－多普勒图上应用标准恒虚警检测，详见第7章。其中最核心的挑战并不是检测距离－多普勒图上的回波响应，而是明确它们之间的关联，使给定的对应物理目标最终能在正确的时间被匹配到正确的物理位置。

解决模糊问题的第一种方法是利用真实数据，如通过广播式自动相关监视系统（ADS－B）的接收机获得的数据。ADS－B接收机将以预定更新速率对安装相应应答机的所有飞机提供精确的带时间戳的位置。ADS－B更新速率为1次/s，与无源雷达系统的检测速率一致。该真值数据可以与距离－多普勒图上进行的每个检测结果相结合，并转换为通用坐标系，使检测结果能够自动关联到正确的物理目标。另外，还可以推断出单频网络运营商所应用的各种网络时延，并用于针对所有目标进行校正。如果能报多个间隔良好的ADS－B目标，准确性将提高。

这种方法也有一些缺点。首先，它依赖装有ADS－B应答机的飞机在目标区域飞行。其次，ADS－B每秒只会报告一次，并具有时间延迟和不确定性。况且，并非所有飞机都有ADS－B，而且其检测结果仍然是模糊的。最后，这种使用合作监视系统来发挥非合作传感系统作用的方式也将基于单频网络的无源雷达转变成一种合作传感器，进而在很大程度上失去了使用雷达传感的意义。

第二种方法是由单频网络运营商提供关于传输和时延的必要信息。但这类信息通常具有商业敏感性，可能无法获取。并且这种方法意味着单频网络无源雷达系统拥有合作照射源。虽然这可能会导致人们对其是否适合军事应用提出疑问，但并不意味着它没有价值，比如应用到国内空中交通管制中。这也是对第1章中描述的共生概念的扩展（第10章也有相关描述）。

第三种方法是远程测量从每台发射机发射信号的位置和时延，且一般假设发射机的位置是已知的。原则上，可以使用到达时差（TDOA）技术[13]来测量差分时延，并用于确定发射机位置。同样，这种方法认为所需的差分时延信息与解调/再调制之前插入参考函数中的信息相同，并且可以直接提取[14]。

利用发射机和接收机的位置信息以及信号发射的时序信息，可以正确地关联距离－多普勒图中观察到的目标回波，并将其能量进行组合以提高检测性能。换句话说，测量结果需要与单频网络中的发射机一一正确关联，而这受限于位置和时延信息的准确度。同样要记住,无源雷达系统的所有组成部分并不都是处在相同高度,因此还需要考虑传感器布局的三维属性,这一点也很重要。

第 7 章中介绍了无源雷达的跟踪方式,这些也构成了消除模糊方法的基础,从而可以解决单频网络中额外产生的模糊问题[15-17]。文献[18]报道了一种基于跟踪的替代方法,使用多输入(发射机)单输出(接收机)即 MISO 的一种形式来构建解决方案。

图 4.5 从原理上展示了单频网络无源雷达系统中的目标跟踪难题。全向接收情况下,椭圆代表每台发射机的不同时延,也代表了各发射机照射同一个目标后回波导致的不同双基距离(距离 - 多普勒图中指示的距离)。目标的位置就是所有椭圆彼此相交的位置,而鬼影位置出现在两个椭圆相交的位置。在实际应用中,测量噪声、多径以及目标散射强度变化都是误差的来源,使得关联问题进一步复杂化。速度也是距离 - 多普勒图的直接输出。在无源雷达中,当积分时间为 1s 时,多普勒分辨率相应地为 1Hz 量级。利用早迟门等效技术可以进一步改进距离和多普勒估计,从而提供高精度,并且在整个跟踪过程中都可使用(假设每个目标均被解析)。距离和多普勒可用式(4.2)和式(4.3)表示:

$$R = \|x - x_{\mathrm{Tx}}\| + \|x - x_{\mathrm{Rx}}\| - \|x_{\mathrm{Tx}} - x_{\mathrm{Rx}}\| \tag{4.2}$$

$$v = \dot{R} = \frac{x - x_{\mathrm{Tx}}}{\|x - x_{\mathrm{Tx}}\|} + \frac{x - x_{\mathrm{Rx}}}{x - x_{\mathrm{Rx}}} \cdot v \tag{4.3}$$

式中:x 和 v 分别为目标的笛卡儿位置和笛卡儿速度;x_{Tx} 和 x_{Rx} 分别为发射机和接收机的笛卡儿位置。注意,式(4.2)和式(4.3)为非线性方程,它们将目标的笛卡儿位置(三维)和速度与双基距离和速度相关联。

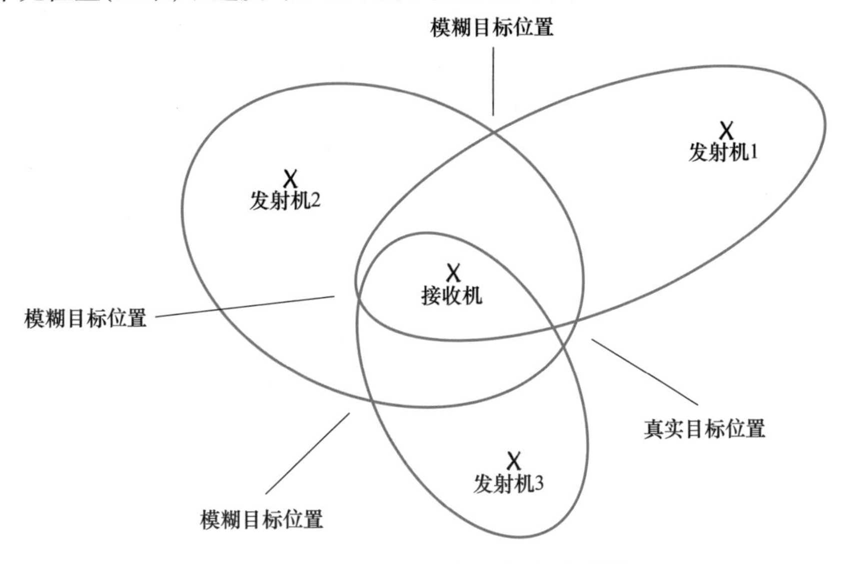

图 4.5　SFN 无源雷达中的鬼影目标模糊

单频网络跟踪中的首要问题是与真实目标响应的关联。鬼影目标会带来模糊问题,因而需要在聚类基础上采用方法来避免出现如文献[9]中的错误关联。在此,建议将跟踪操作划分为几个阶段:第一阶段是使用入射波测量值(时延和双基速度),第二阶段是通过组合来自每个照射源的信息并解决关联问题来生成可能的位置估计,第三阶段是提供目标位置的笛卡儿估计。

首先,考虑有两台发射机的情况。测量直达信号和间接接收信号之间的时延可得到两个相交的椭圆,报两个目标(因为它们都可能出现在距离 - 多普勒图上)。而真正的目标位置是两个椭圆相交的 4 个交点中的任意位置。如果是只有一台接收机的情况,由于两个椭圆焦点相同,因此从数学角度可简化这两个二次方程。通过测量椭圆相交处双曲线对应的速度来解决模糊问题,这个速度与测得的双基速度一致。该速度可以从两次(或更多次)连续的位置估计中实现最优化估计,但代价是要花更多的时间。然而,这种方法也意味着位置估计的误差会自动影响到速度估计,因此仍然可能导致错误关联。

更实际的情况是单频网络可能由更多数量的发射机构成。我们来探讨这样一种情况:只额外增加一台发射机,使发射机数量从 2 台变成 3 台,如图 4.5 所示。此时可以使用新增的发射机对到达时差和双基速度进行测量。3 台发射机在距离 - 多普勒图中就会报 3 个模糊目标,可以利用 3 个时延估计值来推导出 3 个椭圆。注意,这 3 个椭圆的焦点仍然相同。相应地,还会有 3 个双基速度测量值。真正的目标位置是 3 个椭圆都相交的位置,其余则是鬼影。如果鬼影仅出现在只有一个交点的位置,那么这样的鬼影可以排除。但我们注意到,由接收天线、环境效应、多径和噪声引起的测量值的不确定性会导致椭圆位置不确定,同时也会导致双基速度测量值的不确定,需要进一步解析,这在图 4.5 所示的理想化情况中一目了然。因此,目标可能位置也会存在相应的不确定性,使得模糊目标消除问题更加复杂。

为了说明这些类型的模糊问题是如何产生的,我们来看一下图 4.6,其中发射机、接收机和目标几何关系略有不同。这里同样有 3 台发射机、3 个相交的椭圆,距离 - 多普勒图中同样报 3 个模糊目标,由于使用一台接收机,3 个椭圆的焦点仍然相同。在这个例子中,虽然真实目标仍然是在 3 个椭圆相交的位置,但在另外 3 个非常接近的位置也存在相交。如果由测量、环境和噪声引起的不确定性超过了鬼影目标交点之间的间隔距离,则无法确定哪些是真实位置,哪些是鬼影位置。而且随着发射机和目标数量的增加,这个问题也会变得越来越复杂。

解决这一难题的方法是在不同时间进行多次测量。首先,可能位置的潜在目标的运动应该在合理的速度和轨迹范围内。其次,对在设定范围内的目标进行聚类,据此选择可能的位置(假设一个合理的潜在目标位置统计分布模型)。文献[9]中选设了泊松分布模型,并应用适当的聚类限制来收敛正确的关联结果。最后,将基于最近关联的目标位置估计馈送到多个假定的跟踪器,用于确定最终目标位置并生成适当平滑的跟踪输出[10]。同样重要的是,不能仅考虑方位和距离结果。如果待检测目标(如飞机)位于典型高度,若无相应的处理,那么这种检测本身就会造成位置误差。文献[10]中给出了基于仿真的结果并对结果进行了扩展,按距离、方位和高度信息提供目标位置。文献[16]中的实验结果表明,三维空间中的跟踪性能令人信服,其中也包括低空目标的例子。

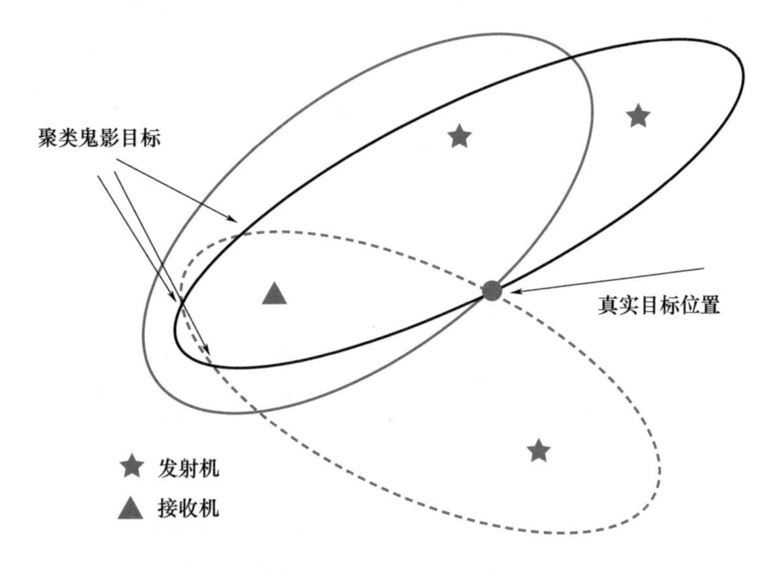

图 4.6　SFN 无源雷达中的聚类鬼影目标模糊

在实际系统中,无源雷达的几何关系和参数化也将影响其检测和跟踪性能。例如,埃德里奇(Edrich)等[15]指出,尽管单频网络中可能存在多台发射机,但它们在给定时间和地点发挥的作用会有所不同。文中给出了一个示例,一个单频网络中有 4 台本地发射机,但发现其中只有 2 台发射机的强度足以在目标检测和跟踪中发挥作用。而且其中一台发射机间歇性工作,因此系统实际上回到单发射机无源雷达的情况。这其实是一个与网络、相对目标位置和环境相关的变量。为了提供系统鲁棒性,埃德里奇等主张将模拟调频发射机与 DAB 和 DVB－T 网络结合使用,从而通过空间分集和频率分集在整体上帮助实现具有鲁棒性且无模糊的检测和跟踪。

在文献[19]中,波林(Poullin)和弗莱舍(Flecheux)描述了单频网络雷达进行三维跟踪所需的设备和方法,采用了由 8 个低增益阵元组成的特定天线设计,这些阵元排列成箭头形状,如图 4.7 所示。可以看出,天线的方位角范围允许采用更窄的波束宽度(尽管仍然比较宽)。此外,成对的阵元之间的高度差持续加大,从中可以推导出高度信息。

图 4.7　单频网络无源雷达系统中的三维跟踪天线阵列

文献[19]中给出的三维跟踪结果令人印象深刻,并提醒我们,接收设备的详细设计,尤其是监测天线的设计,对于无源雷达和传统类型的雷达来说同等重要(图 4.7)。举个例子,假设我们使用一副天线,其方位角范围受波宽约束,波宽虽然较宽,但有限定。这种情况下又会有何影响?假设波宽适中,比如在方位角平面上为 90°,则上述关联问题就可以简化。其原理见图 4.8,天线波束用灰色对角线简单表示。由图 4.8 可知,一个波束的指向可关联到一个特定的象限中。因此,把它叠加到全向情况中,直接排除了图中左侧靠近椭圆焦点处的目标存在的可能性。换句话说,它将搜索区域缩小到一个象限,并自然地消除了许多模糊。然而,随着发射机和目标数量的增加,可能仍然存在相交的椭圆,而且仍然必须采取措施确定其真实性。

如果使用的天线阵列越来越大,则波束宽度相应地变窄,可以更多地应用更精细的波束分辨率来解决目标模糊问题。使用大型天线还有其他重要优点,例如,大型天线具有较高的增益。第 3 章中提到过,许多机会发射机,包括组成单频网络的发射机,倾向于将辐射指向预定接收机所在的地面。这意味着,发射到

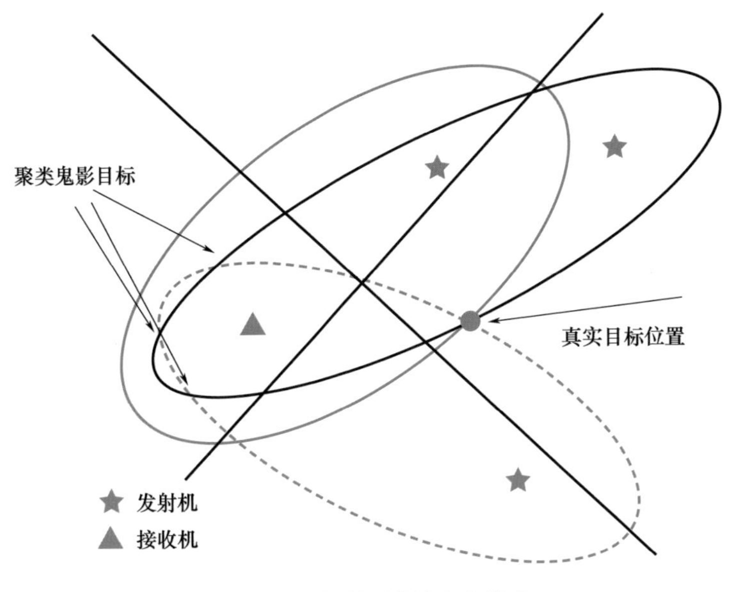

图 4.8　目标的天线波宽分辨率

空中用于检测飞机的功率降低了,降低幅度通常超过 25dB。而天线的增益增加则可以较大限度地抵消功率的降低,从而大大扩展在飞机巡航高度上的检测距离。大型阵列天线由更多阵元组成,具有更高的自由度,可使直达波和多径干扰最小化。采用这种天线的接收机价格昂贵,需要更大的空间来放置,并且对信号处理器的能力要求更高。然而,就单频网络的频率和带宽而言,这并不算太麻烦。

4.4　小结

本章介绍了利用单频 DAB 无线电或 DVB – T 网络提供机会照射源的无源雷达的概念。这种网络逐渐普及,并且表现出相对较高的发射功率,能够实现远距空中目标检测,因此对于无源雷达应用具有极大的吸引力。然而,由于这些网络使用相同的波形,增加了目标检测中的直达波干扰和零多普勒杂波,也加剧了模糊问题。检测的模糊问题引发了跟踪中的连锁效应,共同导致了空中监测画面严重受损。在过去的文献中已经发展和报道了一些旨在弱化单频网络使用所带来的问题并最大化其优点的技术,在此我们只对它们的基本原理做了介绍,读者若感兴趣可以进一步查阅本章参考文献。其中包括采用解调和再调制技术产生纯参考信号,有助于降低额外增加的零多普勒响应。此外,本章还介绍了文献中报道的旨在解决检测目标模糊问题的多种关联技术，其利用波束分辨率可以进一步帮助消除模糊。实际系统的开发还会将单频网络和多频网络结合起来，以进一步提高系统的整体性能和鲁棒性。然而，这个方向的研究还不尽完善，仍有进一步改进的空间，比如通过使用大尺寸的接收天线可以提高改进系统的灵敏度。作为机会照射源的单频网络很可能成为许多无源雷达系统的核心，助力它们与传统的单基雷达相竞争。最后，无源雷达要应用于诸如空中交通管制等领域，必须具有国内和国际法规规定的性能。总之，无源雷达系统的设计还将进一步发展，特别是使用单频网络的无源雷达系统。

参考文献

[1] *Digital Video Broadcasting(DVB);Framing Structure,Channel Coding and Modulation for Digital Terrestrial Television*, tech. rep. , European Telecommunications Standards Institute (ETSI), 2009.

[2] Saini,R. ,and M. Cherniakov,"DTV Signal Ambiguity Function Analysis for Radar Application",*IEE Proc. Radar,Sonar and Navigation*,Vol. 152,No. 3,2005,pp. 133 – 142.

[3] Zhiwen,G. ,et al. ,"DVB – T Signal Cross – Ambiguity Functions Improvement for Passive Radar",*Proc. IEEE CIE International Conference on Radar*,Shanghai,China,October 2006.

[4] Palmer,J. E. ,et al. ,"DVB – T Passive Radar Signal Processing",*IEEE Transactions on Signal Processing*,Vol. 61,No. 8,April 2013,pp. 2116 – 2126.

[5] Poullin,D. ,"Passive Detection Using Digital Broadcasters(DAB,DVB) with COFDM Modulation",*IEE Proc. Radar,Sonar and Navigation*,Vol. 152,No. 3,2005,pp. 143 – 152.

[6] Petri,D. ,et al. ,"The Effects of DVB – T SFN Data on Passive Radar Signal Processing", *International Conference RADAR 2013*, Adelaide, Australia, September 9 – 12, 2013, pp. 280 – 285.

[7] Gassier,G. ,et al. ,"Passive Covert Radars Using CP – OFDM Signals. A New Efficient Method to Extract Targets Echoes",*SEE Int. Radar Conference RADAR 2014*,Lille,October 13 – 17,2014.

[8] Radmard,M. ,et al. ,"Feasibility Analysis of Utilizing the '8k Mode' DVB – T Signal in Passive Radar Applications",*Scientia Iranica(D)*,Vol. 19,No. 6,2012,pp. 1763 – 1770.

[9] Daun,M. ,and C. R. Berger,"Track Initialisation in a Multistatic DAB/DVBT Network",*11th International Conference on Information Fusion*,Cologne,2008.

[10] Daun, M. , U. Nickel, and W. Koch, "Tracking in Multistatic Passive Radar Systems Using DAB/DVB – T Illumination",*Signal Processing*,Vol. 92,No. 6,June 2012,pp. 1365 – 1386.

[11] Radmard,M. ,et al. ,"Data Association in Multi – Input,Single – Output Passive Coherent Location Schemes", *IET Radar, Sonar and Navigation*, Vol. 63, No. 3, March 2012, pp. 149 – 156.

[12] Thamarasa, R. , et al. , "Resolving Transmitter – of – Opportunity Origin Uncertainty in Passive Coherent Location Systems", *Proc SPIE*, *Vol*. 7445, *Signal and Data Processing of Small Targets*, 744506, 2009.

[13] Shüpbach, C. , C. Patry, and A. Jaquier, "Passive Radar Illuminator Identification in Single Frequency Networks", *IEEE Radar Conference 2019*, Boston, MA, April 22 – 26, 2019.

[14] Winkler, V. , M. Edrich, and A. Schroder, "Transmitter Identifi cation and Single Frequency Network Characterisation for the CASSIDIAN Passive Radar Sensor", *14th International Radar Symposium*(*IRS*), Dresden, 2013, pp. 167 – 172.

[15] Edrich, M. , A. Schroder, and F. Meyer, "Design and Performance Evaluation of a Mature FM/DAB/DVB – T Multi – Illuminator Passive Radar System", *IET Radar*, *Sonar and Navigation*, Vol. 8, No. 2, 2014, pp. 114 – 122.

[16] Poullin, D. , and M. Flecheux, "Passive 3 – D Tracking of Low Altitude Targets Using DVB (SFN Broadcasters)", *IEEE AES Magazine*, Vol. 27, No. 11, November 2012, pp. 36 – 41.

[17] Bialkowski, K. S. , and V. L. Clarkson, "Passive Radar Processing in Single Frequency Networks", *2012 Conference Record of the 46 th Asilomar Conference on Signals*, *Systems and Computers*(*ASILOMAR*), Pacifi c Grove, CA, 2012, pp. 199 – 202.

[18] Yi, J. , et al. , "MIMO Passive Radar Tracking Under a Single Frequency Network", *IEEE Journal of Selected Topics in Signal Processing*, Vol. 9, No. 8, December 2015, pp. 1661 – 1671.

[19] Poullin, D. , and M. Flecheux, "Multistatic 3D Passive System Based on DVB – T", *SEE Int. Radar Conference RADAR 2014*, Lille, October 13 – 17, 2014.

第5章

直达波抑制

5.1 概述

第2章简要介绍了“直达波干扰”(DSI)的概念。在此回顾一下,“直达波”是指发射信号中未被目标反射而直接到达接收机的部分。简单而言,就是沿着无源雷达网络中任意双基收发对的基线传输的信号(图5.1)。直达波总是存在于无源雷达系统中,尤其是那些使用VHF无线电和UHF电视基站等作为照射源向所有方向发射信号的系统当中。直达波仅存在单向传播损耗,因此衰减幅度为$1/L^2$,其中L为发射机与接收机之间的基线距离。由于接收机处的信号强度仅衰减了$1/L^2$,而基线永远小于双基距离R_T+R_R,因此与较弱的目标回波相比,直达波可能会显得非常强。

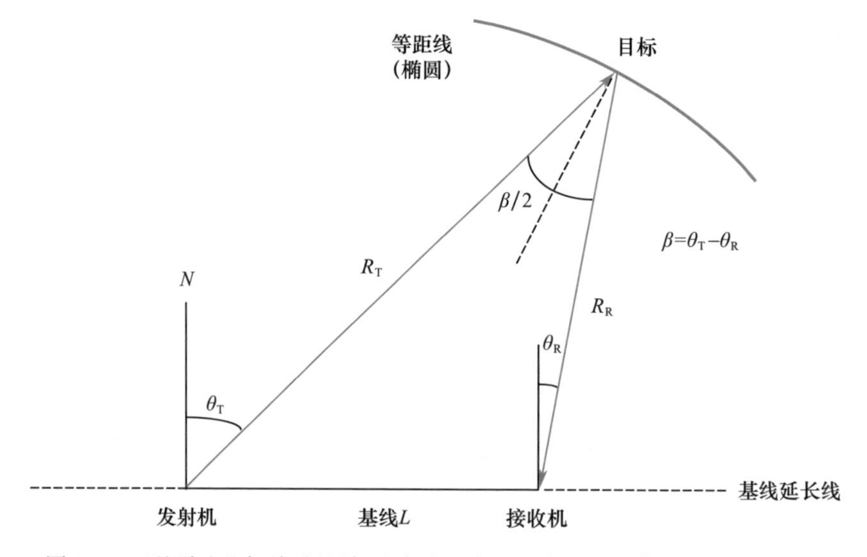

图5.1 双基雷达几何关系(目标速度为v,与双基角β的二等分线形成夹角δ)

无源雷达系统利用直达波提供时间参考;可以将目标反射信号与之进行对比,从而评估接收机到目标的距离。要实现这一点,需要对直接和间接接收到的信号进行互相关。但是,直达波也会"泄漏"进入用于检测目标的监测通道天线。因此,在理想情况下,需要将最终的 DSI 降到低于接收机噪声的水平,以避免缩短"对具有特定 RCS 的目标的最大可检测距离"。

对直达信号的功率电平进行量化之前,首先需要更深入地理解直达波。图 5.2 给出了一个简单的示意图,可以看到,除了直达波和目标反射的间接信号之外,监测通道中还可能接收到其他反射信号。这些反射信号可能来自建筑物以及树木等自然物体。在很多情况下,靠近无源雷达监测天线的建筑物或类似物体会形成强反射源,其反射角度与当前正在使用的照射源方向不同,但功率电平非常高。这些反射信号就像是直达波的"副本",出现在并非照射源位置的角度,导致的后果是使"对监测通道中所有可能的有害信号进行抑制"的问题变得非常复杂。综上所述,除非采取措施将这些信号的存在降至最低,否则这些信号将限制无源雷达系统的检测距离。这也意味着,为无源雷达接收机选择合适的部署位置非常重要,同时还要考虑双基几何关系以及视野不受限等问题。此外还要注意,直达波(包括来自机会照射源方向的直达波)还可能存在由于地杂波以及临近物体反射而导致的多径问题。总而言之,能够接收直接信号和间接信号的路径很多,这会对系统灵敏度产生根本性影响,并为有效的目标检测与定位构成"充满挑战"的信号环境。

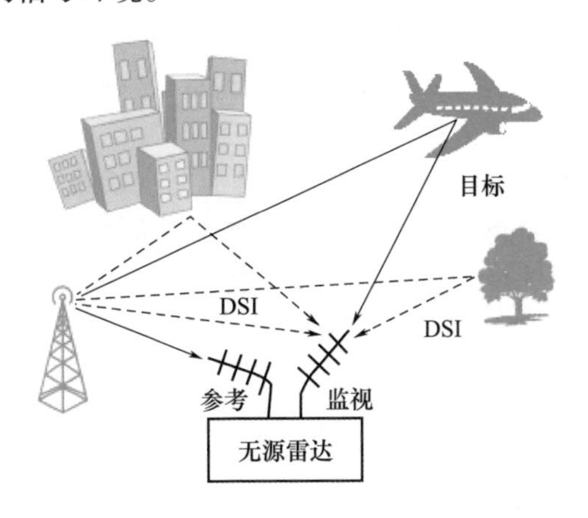

图 5.2　一种无源雷达 DSI 想定示例

本章对监测通道中出现的直达波的形式进行了研究,同时研究了用于降低其信号强度的方法,以期实现理想的目标检测距离。为便于理解,本章仅讨论限于"单一的直达波沿着无源雷达系统的基线直接传输进入监测通道"的情况。

5.2 直达波干扰功率电平

为了给出关于“需要抑制的直达波的量”的简单表达式：首先需要计算间接接收的信号与直达波的比；然后针对需要达到的直达波抑制量，制定一个设计目标，使“可容许的最高干扰电平”等于“在接收机噪声的限制下实现类似于单脉冲检测所容许的最高干扰电平”。注意，积分不会带来任何好处，因为“泄漏”进入监测通道的直达波也会积分，因此在现实中，这可能导致对“需要抑制的直达波量”的要求变得更加苛刻。此外，如果监测通道中还接收了前文提到过的直达波的多个局部“复制品”，会使问题变得更加复杂。简单而言，这种表示形式设泄漏的直达信号电平等于接收机本底噪声电平。因此，这种表示形式具有理想的特性：能够提供与单脉冲检测等效的性能，同时实现“对具有特定 RCS 的目标的检测距离”最大化。

为了初步理解直达波的量，首先利用第 2 章中介绍的双基雷达方程对接收到的来自目标的功率进行计算，即

$$P_{\mathrm{tar}}=\frac{P_{\mathrm{T}}^{av}G_{\mathrm{T}}^{\mathrm{tar}}G_{\mathrm{R}}^{m}\lambda^{2}\sigma_{b}}{(4\pi)^{3}R_{\mathrm{T}}^{2}R_{\mathrm{R}}^{2}L_{b}L_{s}} \tag{5.1}$$

式中：P_{T}^{av} 为机会照射源的平均发射功率；$G_{\mathrm{T}}^{\mathrm{tar}}$ 为朝向目标的发射天线的增益；G_{R}^{m} 为朝向目标的监测天线主波束增益；λ 为波长；σ_b 为双基 RCS；R_{T} 为发射距离（发射机到目标）；R_{R} 为接收机距离（接收机到目标）；L_b 为沿双基路径的传播损耗；L_s 为系统损耗（如天线失配、布线）。

最常见的 DSI 不仅包括进入监测天线旁瓣的直接路径穿透波，还包括来自接收机周围环境、以不同时延和方位角到达的强多径信号和杂波。这些散射分量的电平一般处于直接路径穿透波与热本底噪声之间。简单起见，假设直接路径穿透波是最主要的 DSI，则可以利用“弗里斯传输方程”（见式(5.2)）对天线处的 DSI 功率进行估算。监测通道中的 DSI 接收功率可以表示为

$$P_{\mathrm{DSI}}=\frac{P_{\mathrm{T}}^{av}G_{\mathrm{T}}^{r}G_{\mathrm{R}}^{s}\lambda^{2}}{(4\pi)^{2}R_{\mathrm{L}}^{2}L_{\mathrm{d}}L_{\mathrm{s}}} \tag{5.2}$$

式中：G_{T}^{r} 为朝向接收机的发射天线的增益；G_{R}^{s} 为朝向发射机的监测天线旁瓣增益；L_{d} 为沿直接路径传播的损耗。

如假设 $L_b=L_d$，$G_{\mathrm{T}}^{\mathrm{tar}}=G_{\mathrm{T}}^{r}$，$0.1G_{\mathrm{R}}^{m}=G_{\mathrm{R}}^{s}$，并进一步简化，使 $R_L=R_{\mathrm{T}}=R_{\mathrm{R}}$（一种特殊但并不罕见的情况），则式(5.1)与式(5.2)的比可由式(5.3)给出：

$$P_{\mathrm{tar}}/P_{\mathrm{DSI}}=\frac{\sigma_b}{(4\pi)R_{\mathrm{L}}^{2}} \tag{5.3}$$

因此,对于一个 RCS = 1m^2 的目标,DSI 与基线距离的平方成反比。如果采用 10km 的基线,根据式(5.3)预测得到的 DSI 总电平将为 91dB。实际上,这个比值往往会超过 100dB,是一个需要大幅降低的因数,而这也是无源雷达设计工作中极具挑战的方面之一,将对性能造成直接影响。显然,对于其他的双基几何关系,计算式(5.1)与式(5.2)之比时需要采用完整形式。

在这个简化的例子中,是假设直达波通过旁瓣(低于主瓣 10dB)进入监测通道。对于如今阵列天线数量适中的很多系统而言,这并非一种不切实际的假设。然而需要注意,阵列天线本身可以使自适应波束形成,甚至能减少进入监测通道的直达波。因此,这是实现 DSI 最小化的第一种策略。高增益天线与自适应波束形成技术的结合还能实现对多个同步发射信号的利用。对于带有自适应阵列天线、能够使来自发射机的直达波消零的系统而言,或者对于具有较强的模拟对消能力的系统而言,式(5.2)中的直接路径穿透波最终可能会比接近中心的强杂波响应更弱,但杂波相对于直达波的时延会更明显。当散射源的时延大于信号带宽的倒数时,就不能用豪厄尔斯 - 阿普尔鲍姆(Howells - Applebaum)的自适应环路滤波法之类简单的模拟抑制方法来消除。在这样的情况下,可以利用相应的距离、增益和 RCS 项对式(5.1)进行变形,对一系列离散杂波进行求和,从而得到对 DSI 功率更加合理的表示。

同时还要注意,假设目标具有很大的交叉极化分量,不会显著减小 P_{tar},则可以对接收信号的监测天线进行交叉极化,进一步降低朝向发射机的有效增益。在现实中,由于这些复杂的相互关系,对 DSI 的功率电平进行预测极其困难,必须进行现场测量,才能获得精确的估算值。总体而言,对直达信号进行抑制的目标,就是将其降低到接收机噪声电平以下。对于一组给定的雷达参数和目标 RCS,接收机噪声是对检测距离造成限制的根本原因,所以这一目标代表了一种理想情况。如果剩余干扰电平仍高于接收机噪声,则会对检测距离造成影响。为了简单地对此进行表示,可以在雷达距离方程式(5.1)中增加一个损耗项。

5.3 直达波抑制

如果监测通道中出现的直达信号的电平缩短了对具有特定 RCS 的目标的最大检测距离,则可以采用多种方法对其进行抑制,包括物理屏蔽、傅里叶处理、自适应波束形成和自适应滤波。以下对各种方法的相对优势进行探讨。

1. 物理屏蔽

物理屏蔽可包括直达波通道中一切“将直达波通道与监测通道物理隔离开来”的物体,包括建筑物或类似结构。这里的目标是以建筑物为屏障,尽可能多地阻止直达波到达监视天线。这取决于建筑物的位置和结构,并不可靠。同样,也可以利用山脉等地貌特征。华盛顿大学的研究团队在这一领域已经取得极大的成功,这将在第7章中进行探讨。此外,也可以使用雷达吸波材料(RAM)或“雷达栅栏”来降低DSI,针对因局部特征而形成散射源、导致直达波以不同角度进入监测通道的情况,这种方法非常有效。可以单独或组合使用这些对监测通道DSI进行物理屏蔽的方法,辅助将DSI抑制到可接受的电平。然而,在绝大多数无源雷达系统设计中,以使用相对低频(VHF和UHF)为主,由于信号在这些频率上没有方向性,这些方法的效果非常有限。因此,这些方法不太可能实现上文预计的“需要降低100dB”的目标。为了尽可能实现最大的抑制效果,必须在此基础上制定一套更全面的方法。

2. 傅里叶处理

事实上,绝大部分无源雷达系统的设计是为了对飞机和其他空中目标进行检测。换言之,它们主要检测具有较大径向速度(即在监测通道上观察到的多普勒频率)的移动目标,但直达波没有这样的运动分量。因此,利用简单的傅里叶处理就可以进一步地对监测通道中的直达波进行抑制。例如,对一个带宽为10kHz的VHF信号进行合理抽样,快速傅里叶转换后,每秒可以产生约10000个数值,从而获得约40dB的抑制因子。一个带宽为10MHz的UHF信号对应可获得约70dB的抑制因子。需要注意,由于带限信号存在固有旁瓣,以及呈现出内部运动特征的局部杂波源(如风吹树动)会引起频谱展宽,因而可能会出现严重的旁瓣泄漏现象。因此,当多普勒值较低(尤其接近零值)时,其抑制程度不会像处于高多普勒值时那么高。

3. 天线自适应调零

如果监测通道使用了阵列天线,最好利用自适应波束形成技术,通过在发射机方向上(如有必要也可包括其他方向)调零,来降低接收机信道在该方向上的灵敏度。通过调整天线在该方向上的增益来控制旁瓣,从而实现DSI抑制。如果使用了全数字式天线,则可以利用自适应波束形成技术最大限度地降低直达信号定位方向上的灵敏度。如果存在多径信号等外部噪声,则可能需要多次调零。如果外部噪声环境不稳定,对消时就需要持续不断地做出自适应调整,同时响应速度要快。自由度的数量以及(受此影响的)天线阵元和接收机信道的数量必须大于需要抑制的信号分量的数量。天线方向图因子、发射机和接收机的位置,以及给定情况下的目标轨迹,会导致形成盲区。这可能是由发射机、目标、接收机之间的视线受阻所造成的,也可能是由目标穿越了发射机和接收机之间的双基基线而造成的。无源雷达中使用的大多数阵列天线只包含相对较少的阵元,通常为8~12个。这减少了可用的自由度、可达到的调零电平以及零陷的数量,也限制了目标方向上的增益。未来,或许会出现天线更大的无源阵列,这将带来明显的优势,包括更高的增益、更好的方向性以及更多的设计自由度,但需要付出尺寸更大、复杂性更高的代价。

4. 自适应滤波

图5.3显示了一个通用的自适应滤波模型,并针对DSI抑制问题进行了调整。以 T_s 为时间间隔对基准波形进行取样,$t=nT_s$(其中 n 为取样量),基准波形以脉冲响应 $h[i]$ 通过有限脉冲响应(FIR)滤波器,即可在监测通道中看出直达波的直接路径和杂波时延,以及复散射系数:

$$S_{\mathrm{DSI}}[n]=\sum_{i=0}^{M-1}h^*[i]S_r[n-i] \tag{5.4}$$

式中:M 为对直达波各分量进行合理建模所需要的离散时延系数的数量,$M=t_{\max}/T_s$。$h[i]$ 的不同离散样本形成连续的杂波响应,这样无法保证杂波响应到达时间恰好为样本时延的整数倍。大多数情况下,对于一个给定的杂波离散信号,其响应会扩展到临近的 h 系数,幅度减小,相位也会发生变化。

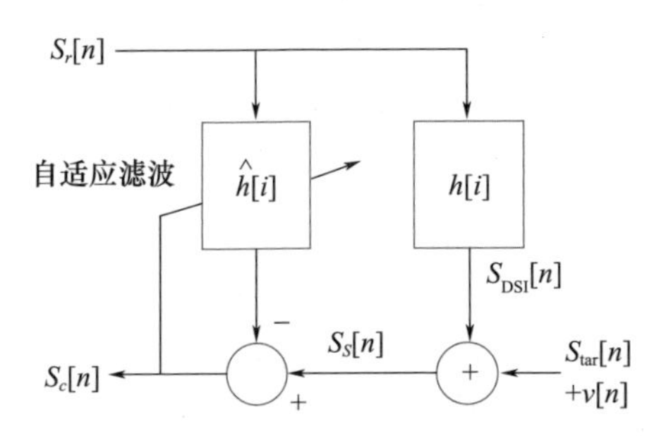

图5.3　DSI抑制框图

消除DSI的过程,首先是估算未知的杂波和直接路径系数 $\hat{h}[i]$,然后用参考通道的波形对结果进行卷积,从而估算直达波 $S_{\mathrm{DSI}}[n]$。从 $S_s[n]$ 中减去这一输出,理想情况下监测信号中就只剩下目标响应和热噪声了。通过这些运算得到的最终输出以 $S_c[n]$ 表示,即由目标响应和附加噪声构成的、理论上没有DSI的"干净"监测通道。

尽管杂波响应相对较弱,对于式(5.2)的总DSI功率的影响可以忽略不计,但其功率通常会显著高于热噪声,并且因此会降低可实现的抑制效果。鉴于此,在估算 $\hat{h}$ 时必须考虑这一问题。如果系数的数量不足,无法对杂波响应进行合理建模,而同时计算需求又会随着通道长度的增加而增加,那么采用DSI消减法的有效性会降低。注意,DSI取样位置与监测天线相位中心的位置并不一致,因此这里存在不可避免的降级,而这又进一步取决于接收机系统的位置。在因局部多径而使直达波存在多个到达方向的基础上,这又进一步增加了问题的复杂性。

对于无源雷达中的直达波抑制问题,有很多关于自适应信号处理方法的研究。而关于必要的自适应信号处理,已经是一个相当成熟的领域,有多种不同的方法，并已拓展出不同的形式[2-6]，在此对自适应信号处理方法的大类及其相对优势做进一步探讨。

扩展相消算法(ECA)是由科洛尼(Colone)等专门针对无源雷达DSI抑制问题而开发的一种方法[2]。该算法对数据进行短时批处理，之后再重新组合，从而在多普勒域中获得一个更宽的零陷凹槽，以此更好地消除直达波干扰。将这种方法扩展应用于连续的阶段，就可以逐步检测到最强的时延以及直达波的移频"副本"，从而降低它们对于最终处理后的接收信号的影响。这样，这种算法在运算时首先消除监测通道中的直达波干扰以及最强的杂波回波；然后按信号强度递减的顺序检测距离-多普勒图上最强的峰值。设定合理的判据，以选择充分的停止条件。这样可以得到一种鲁棒性极高的算法，能够渐进式地检测到目标，包括那些回波较弱、原本被地杂波和较强的目标回波旁瓣所掩盖的目标。由于综合利用了多个批次、多个阶段，能够实现更强的杂波/多径干扰对消(因为滤波算法权重更新快)，并且能够提取一部分弱目标回波(常规的单阶段方法很可能漏掉这些回波)，因此这种方法能够显著提升检测性能。

这种算法可以视为一种广义的最小二乘滤波算法，其中包括发射波形的多普勒频移。然而，尽管这种算法可以通过迭代法进行简化(迭代法仍然需要计算各个阶段之间的距离-多普勒图)，但在计算时仍非常复杂。最初应用于射电天文学的CLEAN算法的变型，也可用于无源雷达处理[3-4]。这些方法构成了块处理方法，每个相干处理时间间隔都会对消减系数进行一次更新。自适应滤波算法还包括归一化最小均方误差算法(NLMS)、递归最小二乘算法(RLS)、快速块最小均方算法(FBLMS)等。

针对欧洲的DVB-T波形，帕尔默(Palmer)和瑟尔(Searle)对维纳滤波、LMS和RLS 3种算法进行了对比研究[5]，但研究中不包括FBLS算法，这种算法虽有所提及，但并未与其他抑制方法相比进行全面评估[6]。他们的研究中也没有讨论绝对目标强度，但这个参数应当包括在内。在近期的测试中，这种算法显示出了优异的性能，其运算速度远远快于其他方法，这种表现使其成为最具前景的算法之一，适用于部署在固定平台上的计算高效、实时的无源雷达。文献[7]中提出的结论对采取了以下算法的相关方法进行了有效对比。

(1)无DSI抑制；

(2)维纳滤波(WF)或最小二乘；

(3)CLEAN；

(4)NLMS；

(5)FBLMS；

(6)RLS。

这一对比研究涵盖了各种自适应和块处理方案，并做了全面综述，可以在设计无源雷达系统的过程中选择 DSI 抑制方法时提供决策输入。

在此，对各种方法进行简要的定性研究。同时，通过得到的距离 - 多普勒图，可以在一定程度上了解各种方法的基本性能，以及不同方法的性能变化。例如，图 5.4 显示了没有采取 DSI 抑制情况下的距离 - 多普勒图。

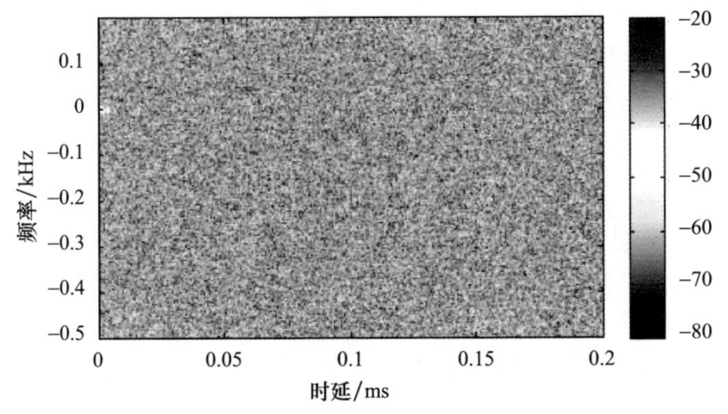

图 5.4　没有采用 DSI 抑制时的距离 - 多普勒图

图 5.4 显示了图像大部分区域内本底噪声的全部范围。噪声电平约为 -60dB，低于这一电平的目标将被屏蔽。图 5.5 为应用了维纳滤波算法的距离 - 多普勒图，本底噪声的平均电平降到了约 -80dB。此时不仅能显示出多普勒频率接近 0 时底层杂波的结构，还可以清楚地看到一个时延约 0.02ms、多普勒频率 -0.37kHz 的目标，在自动检测中这就是一个有效候选目标。

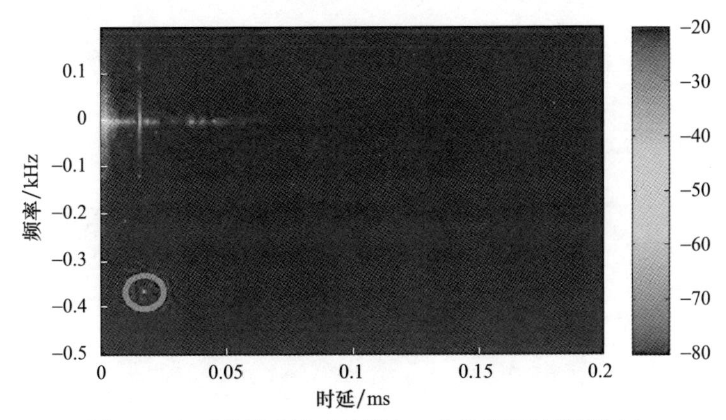

图 5.5　经过维纳滤波后的距离 - 多普勒图（目标圈出）

图 5.4 和图 5.5 也提供了进行定量对比的指标[7]，包括最大直达波干扰电平、本底噪声电平、目标回波信号强度，以及目标强度与本底噪声电平的比（SINR）。在距离 - 多普勒图中对应 0 多普勒、0 时延位置测量这些值，以 dB 为单位。综合使用这些指标，尤其是通过实用型系统获得的测量值，可以估算检测距离。

图 5.6 和图 5.7 对维纳滤波后生成的距离 - 多普勒图和 FBLMS 距离 - 多普勒图进行了定性比较，主要集中于 0 多普勒区域附近。其中，形成的零陷的宽度和深度，及其在 0 多普勒附近的表现，会对确定无源雷达系统的总体检测性能造成显著影响。同时，它们也凸显了将直达波抑制缩减为单一维度或一组维度的难度。维纳滤波显示，可以在受控良好的情况下将 0 多普勒抑制到 -110dB 电平。背景本底噪声的残留值约为 -85dB。FBLMS 滤波的表现则完全不同。这种滤波在多普勒频率上呈现一个更宽的凹槽。其结果是 0 多普勒附近抑制值较高，而且明显扩展到了正值多普勒和负值多普勒区域，很可能导致检测不到径向速度较低的目标。但是，FBLMS 滤波将背景噪声抑制到了比维纳滤波更低的水平，达到约 -90dB 的平均电平。这意味着对径向速度更高的目标具有更好的检测性能。显然，不同直达波干扰滤波方案的效果是非常复杂的，不同方法之间存在权衡空间，需要在无源雷达的设计过程中认真考虑。表 5.1[7] 从 4 个维度对不同的主流直达波干扰抑制滤波方法进行了定量对比。

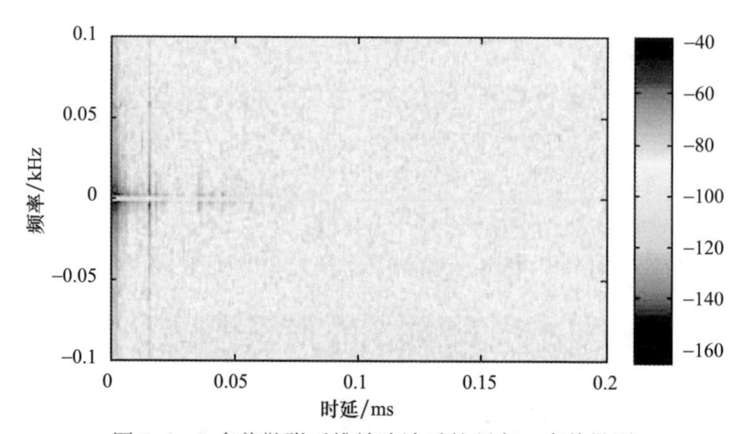

图 5.6　0 多普勒附近维纳滤波后的距离 - 多普勒图

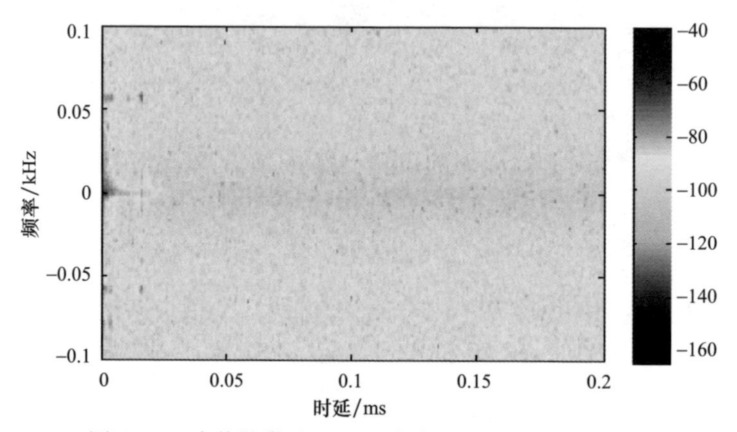

图 5.7　0 多普勒附近 FBLMS 滤波后的距离 - 多普勒图

表 5.1　DSI 抑制的定量对比

抑制方案	最大 DSI 电平 /dB	本底噪声 /dB	目标强度 /dB	SINR /dB
无抑制	0	-61.3	不适用	不适用
FBLMS	-49.9	-89.2	-52.3	36.9
维纳	-82.6	-86.2	-52.5	33.7
CLEAN	-18.2	-70.5	-51.3	19.2
NLMS	-51.4	-89.6	-52.9	36.7

选择 DSI 滤波方案时还有一个因素需要进一步考虑,即计算需求。尽管利用高速 FPGA 处理器可以实现更加复杂的方法的应用,但设计时还要考虑效率和成本问题。通过数字滤波来改善 DSI 抑制仍然是无源雷达发展过程中的一个重要领域,并且是对看似相似的系统进行区分的显著特征之一。

5.4　小结

本章阐述了无源雷达系统如何才能实现检测到(信号强度)远远低于 DSI 的目标的存在。考虑到大多数无源雷达信号的连续性,这种自身造成的干扰源(它不同于热噪声)决定系统的灵敏度。为了实现最大的有效动态范围,从而增加检测距离、提高系统总体性能,在距离 - 多普勒处理之前对 DSI 和杂波进行抑制至关重要。当前存在一系列用于抑制监测通道中直达波电平的方法。尤其是一些自适应滤波方法,据报道可用于减轻 DSI 的影响,并在不同程度上获得了成功。据称,FBLMS 滤波在抑制性能上具有明显的优势,并且计算需求较低[7]。在实验型系统中,选择 DSI 抑制算法时也会辅助考虑抑制量、运行时间以及实施便利性等一些现实因素。最近,舒普巴赫(Schüpbach)等[8]对无源雷达中常用的三种抑制 DSI 的方法进行了比较,得出的结论为:“载波多普勒中的扩展相消算法”(ECA - CD)的改进型 ECA 方法能够在抑制性能与计算处理量之间实现最佳平衡。然而,监测通道中接收的直达波可能会从根本上限制系统的灵敏度和动态范围,因此需要谨慎地进行设计和实施。

参考文献

[1] Monzingo, R. A. , R. L. Haupt, and T. W. Miller, *Introduction to Adaptive Arrays*, 2nd ed. ,

Raleigh, NC: SciTech Publishing, 2011.

[2] Colone, F., et al., "A Multistage Processing Algorithm for Disturbance Removal and Target Detection in Passive Bistatic Radar", *IEEE Transactions on Aerospace and Electron. Syst.*, Vol. 45, No. 2, April 2009, pp. 698 – 722.

[3] Feng, B., et al., "An Effective CLEAN Algorithm for Interference Cancellation andWeak Target Detection in Passive Radar", *APSAR 2013*, pp. 160 – 163.

[4] Kulpa, K., "The CLEAN Type Algorithms for Radar Signal Processing", *2008 Microwaves, Radar and Remote Sensing Symposium*, Kiev, Ukraine, September 22 – 24, 2008, pp. 152 – 157.

[5] Palmer, J. E., and S. J. Searle, "Evaluation of Adaptive Filter Algorithms for Clutter Cancellation in Passive Bistatic Radar", *IEEE Radar Conference*, Atlanta, GA, May 7 – 11, 2012, pp. 0493 – 0498.

[6] Xiang, M. S., et al., "Block NLMS Cancellation Algorithm and Its Real – Time Implementation for Passive Radar", *IET Int. Radar Conf.* 2013, Xi'an, China, April 14 – 16, 2013.

[7] Garry, J. L., C. J. Baker, and G. E. Smith, "Direct Signal Suppression for Passive Radar", *ISE Signal Processing Symposium*, Debe, Poland, June 10 – 12, 2015.

[8] Schüpbach, C., S. Paine, and D. W. O'Hagan, "Efficient Direct Signal Cancellation for FM – Based Passive Radar", *IEEE Int. Conference RADAR 2020*, Washington, D. C., April 27 – 30, 2020.

第6章

无源雷达性能预测

6.1 概述

对于任何雷达系统而言,能够准确地预测各方面的系统性能是一件重要的事,无源雷达自然也不例外。本章不仅介绍了一种通过灵敏度分析进行性能预测的简单方法,并通过示例说明了利用模拟 VHF 发射可能实现的性能范围,而这些方法也同样适用于其他形式的照射源;还介绍了与性能预测相关的其他方面的内容,例如跟踪参数估算,但本书不会对跟踪预测进行赘述。最后,本章简要研究了一些公开发表的研究成果,这些研究对预测性能和实测性能进行了直接对比。

6.2 检测性能预测参数

对无源雷达系统性能进行灵敏度分析,可以从第 2 章中给出的双基雷达方程开始。本章在对各种参数及其对计算性能的影响开展分析之前,再次对该方程进行详细介绍:

$$\frac{P_{\mathrm{R}}}{P_{\mathrm{n}}}=\frac{P_{\mathrm{T}}G_{\mathrm{T}}}{4\pi R_{\mathrm{T}}^{2}}\sigma_{\mathrm{b}}\frac{1}{4\pi R_{\mathrm{R}}^{2}}\frac{G_{\mathrm{R}}\lambda^{2}}{4\pi}\frac{1}{kT_{0}BFL} \tag{6.1}$$

式中:P_{R} 为接收信号功率;P_{n} 为接收机噪声功率;P_{T} 为发射功率;G_{T} 为发射天线增益;R_{T} 为发射机到目标的距离;σ_{b} 为目标双基 RCS;R_{R} 为目标到接收机的距离;G_{R} 为接收天线增益;λ 为信号波长;k 为玻耳兹曼常数;T_0 为噪声参考温度 290K;B 为接收机有效带宽;F 为接收机有效噪声系数;L 为系统损耗。

使用该方程对无源雷达系统的性能进行预测时,必须理解:需要专门针对无源雷达系统的设计来考虑其中的每个参数;同时要考虑,在预测性能时,应如何确定合理的参数值。接下来,分析其中一些参数,并考虑其可能范围。

1. 发射功率

就无源雷达可以使用的很多发射源而言,其发射功率 P_t 可能会很高。例如,广播和通信接收机通常天线效率较低、噪声系数较差,其传输路径距离视线较远。因此,为了克服效率低和损耗的问题,发射功率必须很高。第 3 章表 3.1 中对无源雷达设计中能够利用的一些常用波形进行了归纳。在英国,调频无线电发射信号的最高功率为每信道 250kW(EIRP),当然更多的发射信号是低于这一功率的[1]。模拟电视发射信号的最高功率为每信道 1MW(EIRP)[1]。这些模拟电视发射信号在方位上属于全向发射,通常是在高处的天线杆上发射,以实现更大的覆盖范围。其垂直面的辐射方向图经过了调整,避免在水平面以上浪费太多的功率。

英国的 GSM 手机发射信号处于 900MHz 和 1.8GHz 频段。其调制格式为下行链路和上行链路频段各 25MHz 带宽,每 200kHz 带宽划分为 125 个 FDMA 信道,而一个给定的基站仅会使用这些信道中的一小部分。利用 GMSK 调制,每个信道通过 TDMA 携载 8 路信号。第 3 代(3G)信号处于 2GHz 频段内,带宽 5MHz,采用 CDMA 调制。手机基站天线的辐射方向图通常采用 120°方位角的扇形设置,垂直面内同样按避免浪费功率的原则设计。频率复用模式的意思是在非常短的距离内存在使用相同频率的手机。许可的发射功率通常处于 26dBWi 区域内(以同向发射的 1W 功率为基准,功率为 26dB),但在某些情况下,实际发射功率会低一些。英国通信管理局(OFCOM)移动通信基站信息查找平台网站[2]上给出了关于整个英国范围内各基站的位置和工作参数的详细信息,是一个非常有用的资源。

在能考虑到的任何情况下,都必须了解信号谱中用于无源雷达的那部分的功率,这可能与总信号谱的功率不太一样。例如,完整信号的模糊性可能不如信号某一部分的模糊性更有利。实际上,第 3 章中所讨论的模拟电视发射信号的情况就是如此。完整信号的行重复率为 64μs,模糊明显,而如果以降低信号功率为代价,只采用信号谱中的一部分,则可以实现更好的模糊性能。

2. 目标双基 RCS

在无源雷达中,目标检测和定位与空间相关的双基 RCS、目标方位、目标动态和雷达设计参数有关。利用传统处理方法,可以检测目标的距离、多普勒和角度。通常,目标双基 RCS 与单基 RCS 并不相等,但对于非隐身目标而言,两者的值范围可能接近[3-4]。然而,目前关于目标双基 RCS 的研究非常少,因此这仍然是一个需要未来研究的领域。此外,关于双基杂波测量的研究报告也很少[5-7],因此要对无源雷达性能进行更为真实的计算,还要进行更全面的处理。

总体而言,对于一个给定目标的双基 RCS,无法直接给出其表达式。在尚未获得更多的研究成果之前,做出选择的最简单方式是采用双基等效法则[8],从而利用并选择单基等效形式;关于单基等效形式的公开数据集很多,有望给出问题的答案。

随着双基角增大到 180°,会遇到所谓“前向散射”区域。在这个区域中,目标 RCS 可能会大幅增加。如第 2 章中所述,低频更加适于利用前向散射,这样可以在足够宽的角度范围内检测到目标。这意味着无源雷达系统中通常会采用的 VHF 和 UHF 非常适于利用前向散射效应。但是,较高的发射机功率意味着直达波可能会“淹没”前向散射分量。而且,当发射机位于地面而目标位于空中时,也无法始终满足跨越基线的要求。这两种因素结合到一起,限制了能够有效利用前向散射的条件。卡巴克契夫(Kabakchiev)等[9]对海上目标检测中的前向散射进行了演示验证,但使用了一台专用发射机。前向散射并不能实现对距离的直接测量;但是,根据文献[10]中的说明,可以结合利用多普勒和方位来估算目标位置。

增大飞机目标双基 RCS 的另一种机制,是利用飞机下方的镜面反射。但是,这取决于能否满足镜面条件,因此具有稍纵即逝的特点。如果大部分发射机的信号发射方向指向地球表面,就可以提高高度灵敏度。

3. 接收机噪声系数

接收机在 VHF 和 UHF 频段上的噪声系数最多只有几分贝的量级,因此噪声电平主要由外部噪声决定,很可能包括直达波、多径以及其他共信道信号等形式。除非采取措施对这些信号进行抑制,否则系统的灵敏度和动态范围将受到严重限制。

通过计算间接信号与直达波的比,可以给出关于直达波抑制量要求的简单表达式。调整这个比值,使直达穿透波达到与接收机噪声相同的电平,就可以说系统检测距离是受限于噪声,而不是受限于直达波,绝大多数的雷达设计均是如此。由此可以简单假设,如果目标电平在直达穿透波之上,则可以看到这个目标;因此直达穿透波电平接近“类单脉冲检测(在单基雷达中很常见)时的最高可容许干扰电平”。但积分的好处有限,因为直接的泄漏波也会积分,并因此可能导致现实中需要设定更加苛刻的要求。

因此,为了实现充分的抑制,从而保持完整的系统动态范围,必须对直达波进行对消,对消量由间接和直接接收到的信号之比的量级决定,例如:

$$\frac{P_{\mathrm{R}}}{P_{\mathrm{d}}}=\frac{R_{\mathrm{b}}^{2}\sigma_{\mathrm{b}}}{4\pi R_{1}^{2}R_{2}^{2}}>\frac{P_{\mathrm{r}}}{P_{\mathrm{n}}} \tag{6.2}$$

式中:P_{r} 为目标回波信号;P_{d} 为直达波;R_{b} 为发射机到接收机的距离(双基基线)。该式仅为近似表达,并且从严格意义上讲,如果进行了积分,那么积分后直达波应低于本底噪声。

此外，直达波可能会通过间接路径以极高的电平进入接收天线。这是由来自附近建筑物等物体的局部反射所造成的。处理这种问题的方法之一是采用阵列天线，从而使这些反射的直达波在所有到达角上都形成零陷。

将位于伦敦南部水晶宫地区的真实电视发射机作为数例，接收机位于伦敦大学学院，并假设目标 RCS 为 $10m^2$，要求最大检测距离为 100km。这相当于需要抑制 120dB 左右的直达波。应注意，随着检测距离从最大开始逐渐缩短，直达信号穿透波与间接信号的比值也会缩小。此外，泄漏信号会随时间变化，并且受多条散射路径影响。为了实现给定设计的性能最优化，需要全面、具体地了解这种行为。

前面第 5 章中讨论过，有几种方法可以抑制这种泄漏。高增益天线与自适应波束形成的结合也能实现多个同步发射源的利用。

1）积分增益

在无源雷达系统中，将直达波作为参考，将间接信号或反射信号与其进行关联对照，提供处理增益，从而提高灵敏度。信号持续时间和带宽都有助于获取处理增益，其方式相当于一个匹配滤波过程。将接收机有效带宽 B（通常为发射带宽）与直达波的带宽进行匹配。因此，无源雷达匹配滤波总增益为该带宽与相干积分时间 T_{max} 的积 BT_{max}。DVB－T 信号的典型带宽为 7MHz，相干积分时间为 1s，得到的处理增益为 68dB，这是一个惊人的数值。换个例子，一个 VHF 调频无线电波形，其带宽为 50kHz，积分时间为 1s，得到的处理增益为 47dB，这仍是一个相当大的数值。实际上，正是因为有这种量级的处理增益，才能够让这样的无源雷达系统在采用强大的 VHF 发射机的情况下获得超过 400km（目标到接收机的距离）的极远检测距离。

但是，由于越距离单元徙动和越速度单元徙动这两种效应对相干积分时间带来的限制，这种处理增益也会受到限制。当目标朝着发射机或接收机径向移动时，这两种形式的徙动达到最大值。双基加速度也会引起速度和距离的徙动。对于相干处理增益最大值的一种近似经验法则为

$$T_{max} = \left(\frac{\ddot{e}}{A_R}\right)^{1/2} \tag{6.3}$$

式中：A_R 为目标加速度的径向分量。

式（6.3）由牛顿运动方程 $s = ut + \frac{1}{2}at^2$ 推导而来。$\frac{1}{2}at^2$ 表示以加速度 a 经时间 t 移动的距离，将其设为等于 $\lambda/2$，对应的相位改变为 360°，则可得到式（6.3）。一些作者采用了该式的另一个版本，在分母中使用了因数$\sqrt{2}$，将相干积分时间缩短了约 40%[11]，但确保了较高的增益。两种近似都有效，并且体现了现实情况中可能存在的不确定性。无论采用哪种假设，都可以将最大处理增益表示为

$$G_p = T_{max}B \tag{6.4}$$

最大处理增益还取决于目标回波保持相干的时间。像飞机等绝大部分人造目标的复杂特性意味着,随着时间的推移,它们将呈现出方位上的变化,雷达接收的散射信号将变得越来越不相干。FM 和 DVB - T 无源雷达系统的典型处理时间处于 0.1 ~1s 的区域内,这是在越距离单元徙动和越速度单元徙动以及目标相干之间做出的一种折中。

2)系统损耗

无源雷达的损耗与其他所有雷达相比并没有什么不同,都是由系统带来的损耗,或者是由各种传播效应带来的损耗。其中有一种需要谨慎处理的无源雷达损耗,是由发射源特殊的照射方向图引起的。例如,调频或 DVB - T 照射源是设计用于覆盖地面上的某一块区域,这带来的直接后果之一就是垂直面上的辐射最小。但是,天线设计以及所使用的相对较长的波长,意味着地面上方发射了大量的辐射。用来检测飞机的正是这些辐射,与此同时,这也意味着功率密度不是“全向的”,并且总检测距离将低于“假设为全向”时的检测距离。很多情况下,可以通过国家机构获得波束图,并利用这些波束图实现对雷达距离的更好估计。对于其他照射源而言,也同样如此。高(Gao)等在距离计算中考虑了 WiMAX 照射源及其接收机的天线增益方向图[2]。某种照射源可能是我们所关注的,但其发射的波形并不一定适用于无源雷达,所以就有可能出现信号处理损耗。对于不同类型的照射源,可能需要具体问题具体分析。无源雷达的传播损耗问题也需要单独考虑,因为照射源的(在一定程度上也包括接收机的)部署位置不在雷达设计员控制范围之内。这对于覆盖范围具有很大的影响,因为照射源一般为地基部署,其部署位置是要在人口密度最大的区域内实现最大化接收。这个区域可能并不是调频或 DVB - T 无源雷达进行空管应用时最重要的区域。很多机会照射源,都有现成的传播模型,并且可以通过国家机构获取,但模型之间差异很大。例如,在文献[13]中,达布罗斯基(Dabrowski)等对“先进折射效应预测系统”(AREPS)和“不规则地形模型”(ITM)这两种模型进行了对比。AREPS 模型和 ITM 分别属于点对点和点对面模型。尽管开发这两种模型的目的是类似的,但其计算方法截然不同。此外,对比显示两种模型对于传播的预测结果相去甚远,从而会得到完全不同的雷达覆盖范围和检测距离。因此得出的结论是,使用这些模型时必须非常谨慎,确保雷达性能预测真实可靠。

6.3 检测性能预测

6.1 节和 6.2 节的内容均表明,在预测无源雷达设计的性能时,必须谨慎地选择双基形式的雷达方程的参数值。本节将对 3 种假想的系统的性能进行预测，尝试揭示其可能达到的性能，并识别出其中的关键因子。这3种系统包括FM无线电、手机基站和数字式无线电。对于每种系统，均假设带有全向接收天线，噪声系数5dB，损耗5dB，且直达波泄漏完全得到抑制。

1. 调频无线电发射机

调频无线电传输具备超宽的覆盖范围以及相对较高的发射机功率这两种固有的优良属性。在第一个例中，考虑采用位于英国东南部鲁特姆地区（Wrotham）的BBC发射机，以及位于伦敦中部伦敦大学学院（UCL）工程楼的接收机。发射功率为250kW，在89.1～93.5MHz的频率范围内进行广播。图6.1显示了"假设目标RCS为100m^2、积分时间为1s、调制带宽为55kHz"条件下的检测距离。白色区域的起始位置代表信噪比为15dB的等值线（后文所有同类图示中也采用这种表示）。

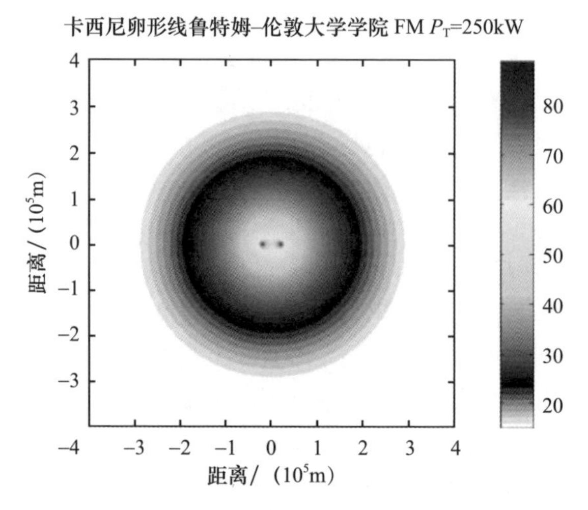

图6.1　检测距离（发射机位于英国东南部鲁特姆地区，接收机位于伦敦大学学院）

注意，这里的调制带宽远远小于规定的发射调制带宽。回想一下第3章的内容，调制带宽是关于介质含量的函数，因此其也是关于时间的函数，55kHz代表了拟利用的发射信号总带宽的典型值。在近300km的距离上，始终保持不低于15dB的信噪比。但这是按自由空间计算的，地形和传播的影响并未考虑在内。因此，这可能代表的是一种理想的情况，而实际性能中的检测距离可能会比这个短。同时还应注意，在这个例子中，越接近最大检测距离，双基系统越像单基系统，卡西尼卵形线越来越接近圆形，而代表恒定多普勒廓线（等值多普勒线）的双曲线越来越接近单基雷达的径向线。如果能够合理地做出这种近似，将大幅简化后续处理，让双基无源雷达更易于设计和评估。例如，在这些条件下，可以合理地利用单机情况下的目标和杂波信号值。此外还要注意，发射机在整个英国范围内发射的功率将 4W ~ 250kW 的范围内变化,在性能预测中需要仔细考虑这一因素。

图 6.2 显示了采用另一种不同发射机时检测距离的变化情况。这里使用了位于伦敦南部水晶宫地区的发射机,其发射功率降到 4kW。可以想象,由于发射功率降低了约 18dB,检测距离将大幅缩短。当检测距离略大于 100km,信噪比为 15dB。图 6.3 显示了通过非相干积分同时使用两台发射机时,覆盖范围的变化情况。此时,两台发射机结合后的检测距离扩展到超过 300km。

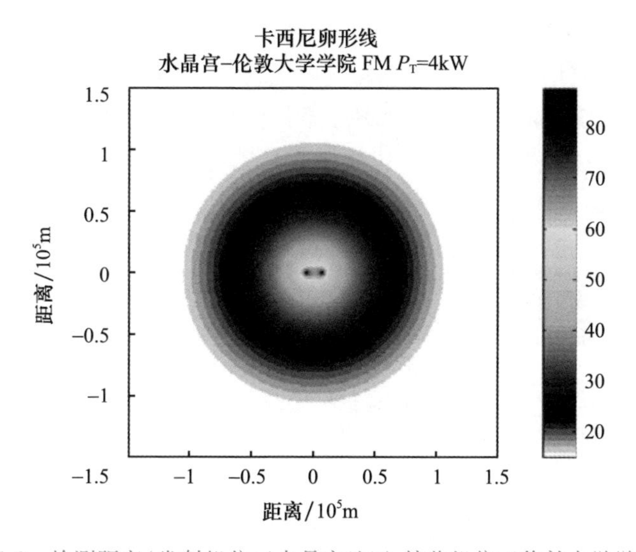

图 6.2　检测距离(发射机位于水晶宫地区,接收机位于伦敦大学学院)

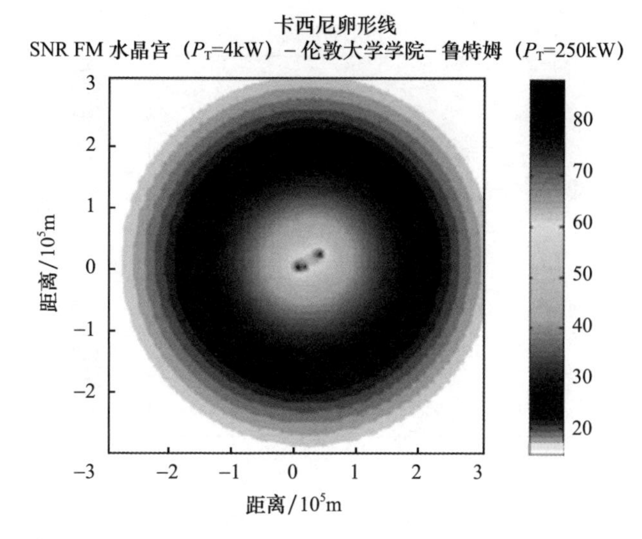

图 6.3　检测距离(两台发射机分别位于鲁特姆和水晶宫地区,接收机位于伦敦大学学院)

另一种方式是对两种发射机的检测情况分别进行处理，然后再将其结合起来，这样处理会更加简便。人们的第一反应可能是这样的相干组合应该会产生最高的积分效率。但事实上，完全的相干组合通常是不太可能的，因为发射频率可能并不一样，并且彼此之间可能相位并不相干。总体而言，高发射功率和良好的覆盖范围使得 FM 无线电发射非常适合在商业和军事应用中用于空中目标检测。同理，FM 无线电发射也可以用于沿海水域的海上导航，但可能杂波的影响会比较大。

2. 手机基站发射机

第二个例子采用了一个手机基站发射机，其参数见表 6.1。

该发射机的工作频率为 1800MHz，部署在高尔大街北端，距离位于伦敦大学学院工程楼的接收机约 200m，其他相关参数与第一个例子中的参数相同。图 6.4 显示，其最大检测距离约为 12km。

表 6.1　位于英国伦敦高尔大街北端的手机基站的示例属性

运营商	T – Mobile 公司
运营商位置参考编号	98463
天线高度/m	35.8
频率范围/MHz	1800
发射机功率/dBW	26
最大许可功率/dBW	32
发射类型	GSM

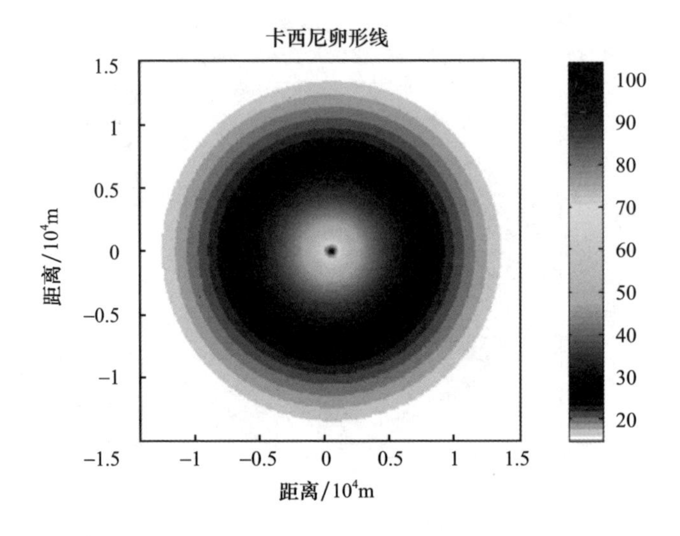

图 6.4　检测距离（手机基站发射机位于伦敦高尔大街北端，接收机位于伦敦大学学院）

可以想象，由于发射机功率显著降低，预计的检测距离将远远小于前一个例子中的检测距离。因此这种发射机的应用范围看似非常有限。然而，由于存在广泛、多样的基站发射机网络，可以通过这样的网络对目标进行跟踪，从而极大地扩展覆盖范围。这一特点可大幅拓展其应用范围，如交通流量管理中的车辆计数，作为一种安全装置对建筑物周围的活动进行远程监控，或者可以为摄像机系统提供指引信息。

3. DAB 发射机

第三个例子采用位于水晶宫地区的 DAB 传输，其发射功率为 10kW。图 6.5 显示了检测距离结果。可以想象，作为一种较高功率的发射机，其覆盖范围远至约 90km。但是应当注意，尽管发射功率比位于水晶宫地区的调频发射信号更高，但最大检测距离却更短，这是因为较高的频率补偿了较低的发射功率。同时应当注意，这种类型的发射信号的输出功率在 500W ~ 10kW 之间变化。此外，尽管不断增加新的发射机，但目前单一发射机位置的覆盖范围还无法像调频发射机那么大。还可以看到，将多台发射机和频率结合起来所实现的性能，主要取决于所选择的发射机的具体参数。

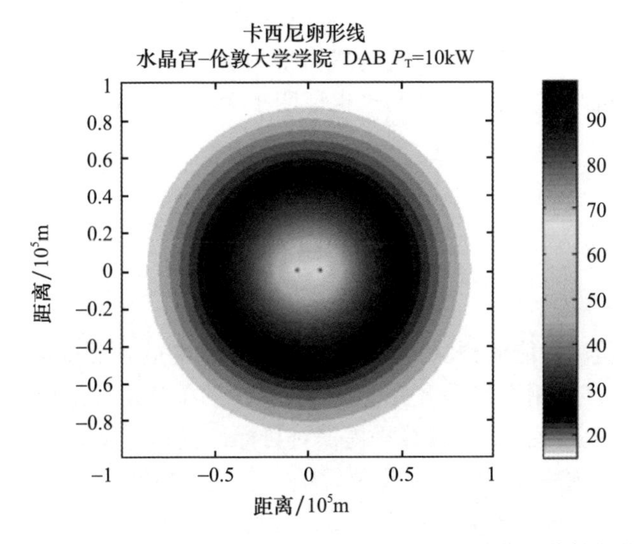

图 6.5　检测距离（DAB 发射机位于水晶宫地区，接收机位于伦敦大学学院）

如前所述，无源雷达设计的优势之一在于能够在单一的接收机位置上利用多种不同类型的机会辐射。这样有利于提供频率分集和空间分集，从而让无源雷达在某种程度上相当于一个在多地部署或联网的雷达体系（多个发射机位置对应单一的接收机）。

总体而言，在谨慎选择计算所用参数的情况下，是可以以较高的准确度和可信度对无源雷达设计的性能进行预测的。但是，预测的结果应被理解为对预期性能的表述;而通过这样的计算,可以理解重要的设计选择所带来的影响,例如可以对不同接收机部署位置的影响进行评估。6.4 节中给出了一些例子,对预测得到的性能和通过实验测量得到的性能进行了对比。

6.4 预测和实验的检测性能对比

马拉诺夫斯基(Malanowski)等对模型预测性能和实验评估性能进行的对比,可能是目前关于检测性能的最全面的研究[14]。在文献[14]中,他们使用了针对无源雷达建立的雷达方程,研究中使用的发射机与实验中使用的调频发射机类型相同。同时,他们考虑了照射源的覆盖范围,对动态范围和检测距离进行了计算,计算得到的最大自由空间检测距离为440km,并对6.3节中提到的各种影响进行了讨论。实验采用了基于调频的PaRaDe无源雷达(见第9章),实现了700km的双基距离,目标到接受机的距离达到了约350km。这表明,自由空间计算得到的检测距离与测量得到的检测距离之间的不同,是由一系列的因素造成的,包括调频频段的干扰、真实目标RCS的不确定性,以及传播损耗和多径损耗。但是,对于一种以单发射机为机会照射源的基于调频的无源雷达而言,350km的接收机距离是相当好的,这也证明了无源雷达在空中交通和防空等领域的应用潜力。

6.5 目标定位

相较于对检测性能的预测,对无源雷达跟踪性能的预测受到的关注度要低很多,但这对很多应用而言是至关重要的。传统的单基雷达是利用对距离、角度(俯仰和方位)和速度的综合解算来提供对目标位置和速度的良好指示,然后利用早迟门法和单脉冲等方法来优化位置估算。这些估算值中包含了测量噪声,而测量噪声利用合理调参后的卡尔曼滤波进行了平滑。基于调频的无源雷达具有一些会影响跟踪性能的其他特性。基于调频的无源雷达的角分辨率和距离分辨率相对较差,但多普勒分辨率非常好(因为相干积分时间较长)。如果目标解算能够满足"在这些四维分辨单元中的每一个单元内仅出现一个目标",则可以明确目标,并实现更精细的位置估算。马拉诺夫斯基和库利帕(Kulpa)对一系列仅考虑了单一目标的估算方法进行了比较[15],并给出了关于跟踪精度的结果。他们揭示了跟踪精度如何受目标积分时间影响,而反过来又如何通过影响信噪比而决定测量噪声。

6.6 先进无源雷达性能预测

很多潜在的无源雷达照射源的固有特征之一是通常有多台发射机可供利用,而每台发射机又可能具有多个发射频率。文献[16-18]对使用多个频率的实验系统的性能进行了介绍,而文献[19]则对多输入多输出(MIMO)工作状态下的性能进行了计算,这些文献中都用到了一种基于调频的无源雷达布局。具体而言,韩(Han)和因格斯(Inggs)利用奈曼-皮尔逊引理证明了可以推导出一种关于检测概率的闭式表达式[19]。他们以此验证了在 MIMO 无源雷达中,检测性能可以作为发射机和接收机数量的函数而得到优化。他们的计算虽然比较理想化,但结合文献[16-18]中记录的实验结果可以表明,无源雷达的性能还有很大的提升空间,使用原本为其他目的而设计的照射源所带来的损耗和缺陷问题也有很大的改进空间。

最后,在文献[20]中,坦恩(Ten)等对一种机载无源雷达概念的目标检测性能进行了分析。他们强调,性能严重依赖几何关系,而对于机载接收机而言,几何关系是持续变化的。他们同时还证明了,随着逐渐远离地面,双基地杂波功率将大幅降低。因此,如果系统要拥有具有实用意义的检测距离,对直达波进行抑制就至关重要。此外,在文献[21]中,布朗(Brown)对 FM 机载无源雷达的实验结果进行了介绍,强调了直达波的重要性,并验证了机载工作的现实性。

6.7 小结

本章对双基雷达方程进行了重构,使其变成了一种能够反映无源雷达系统设计特征的形式。该方程凸显了双基几何关系的重要性,以及对于照射波形的严重依赖。目前,对于双基反射的形式和特性的理解尚不充分,还需要广泛开展深入研究。本章提出的一种经验表达式表明,要确保能够实现最大的检测距离,必须进行较高程度的直达波抑制。

对多种机会照射源的检测距离和覆盖范围的预测显示,接收机的检测距离最大有望达到 350km。这主要取决于照射源的特性,但预计全尺寸系统的性能有望接近这一预测水平。因此,在满足照射源可用性带来的限制条件的情况下,无源雷达或许可以为一系列广泛的应用提供支持。实际上,射频辐射源过多的情况无疑将不断加剧,而无源雷达也会变得越来越引人关注。此外,可以充分利用诸如 SAR、ISAR、干涉测量等一系列先进的处理技术(相关示例见第 9 章),对模糊函数的特性进行评估，从而提高雷达实际性能预测的真实性，为建立更全面的无源雷达系统设计方法奠定坚实的基础。

参考文献

[1] http://www.bbc.co.uk/reception.

[2] http://www.sitefinder.ofcom.org.uk.

[3] Jackson, M. C., "The Geometry of Bistatic Radar Systems", *IEE Proc.*, Vol. 133, Pt. F, No. 7, December 1986, pp. 604 – 612.

[4] Kell, R. E., "On the Derivation of Bistatic RCS from Monostatic Measurements", *Proc. IEEE*, Vol. 53, August 1965, pp. 983 – 988.

[5] Larson, R. W., et al., "Bistatic Clutter Measurements", *IEEE Transactions on Antennas and Propagation*, Vol. AP – 26, No. 6, pp. 801 – 804, 1978.

[6] Wicks, M., F. Stremler, and S. Anthony, "Airborne Ground Clutter Measurement System Design Considerations", *IEEE AES Magazine*, October 1988, pp. 27 – 31.

[7] McLaughlin, D. M., et al., "Low Grazing Angle Bistatic NRCS of Forested Clutter", *Electronics Letters*, Vol. 30, No. 18, September 1994, pp. 1532 – 1533.

[8] Willis, N. J., *Bistatic Radar*, Raleigh, NC: SciTech Publishing, 2005.

[9] Kabakchiev, C., et al., "CFAR Detection and Parameter Estimation of Moving Marine Targets Using Forward Scatter Radar", *12th International Radar Symposium*, Warsaw, Poland, September 2011, pp. 85 – 90.

[10] Howland, P. E., "Target Tracking Using Television Based Bistatic Radar", *IEE Proc Radar, Sonar and Navigation*, Vol. 146, No. 3, 1999, pp. 166 – 174.

[11] Malanowski, M., and K. Kulpa, "Analysis of Integration Gain in Passive Radar", *2008 Int. Radar Conference*, Adelaide, Australia, September 2 – 5, 2008, pp. 323 – 328.

[12] Gao, G., Q. Wang, and C. Hou, "Power Budget and Performance Prediction for WiMAX Based Passive Radar", *6th Int. Conference on Pervasive Computing and Applications*, Port Elizabeth, South Africa, October 26 – 28, 2011, pp. 517 – 520.

[13] Dabrowski, T., W. Barott, and B. Himed, "Effect of Propagation Model Fidelity on Passive Radar Performance Predictions", *2015 IEEE Int. Radar Conference*, Arlington, VA, May 10 – 15, 2015, pp. 1503 – 1508.

[14] Malanowski, M., et al., "Analysis of Detection Range of FM – Based Passive Radar", *IET Radar, Sonar and Navigation*, Vol. 8, No. 2, 2014, pp. 153 – 159.

[15] Malanowski, M., and K. Kulpa, "Analysis of Bistatic Tracking Accuracy in Passive Radar", *2009 IEEE Radar Conference*, Pasadena, CA, May 4 – 8, 2009.

[16] Malanowski, M., et al., "Experimental Results of the PaRaDe Passive Radar Field Trials", *13th International Radar Symposium*, Warsaw, Poland, May 23 – 25, 2012, pp. 65 – 68.

[17] Edrich, M., and A. Schroeder, "Design, Implementation andTest of a Multiband Multistatic Passive Radar System for Operational Use in Airspace Surveillance", *2014 IEEE Radar Conference*, Cincinnati, OH, May 19 – 23, 2014, pp. 0012 – 0016.

[18] Bongionni, C., F. Colone, and P. Lombardo, "Performance Analysis of a Multi – Frequency FM Based Passive Bistatic Radar", *2008 IEEE Radar Conference*, Rome, Italy, May 26 – 30, 2008.

[19] Han, J., and M. Inggs, "Detection Performance of MIMO Passive Radar Systems Based on FM Signals", *CIE International Conference on Radar*, Vol. 1, Chengdu, China, October 24 – 27, 2011, pp. 161 – 164.

[20] Tan, D. K. P., et al., "Target Detection Performance Analysis for Airborne Passive Radar Bistatic Radar", *2010 IEEE International Geoscience and Remote Sensing Symposium*, Honolulu, HI, July 25 – 30, 2010, pp. 3553 – 3556.

[21] Brown, J., "FM Airborne Passive Radar", Ph. D. thesis, University College London, 2013.

第7章

检测与跟踪

7.1 概述

雷达在许多应用中都需要完成目标检测与跟踪,其中第一阶段是检测,目的只是确认目标是否存在。第二阶段是在检测到目标后估计目标位置,经过滤波后形成更优的、平滑的目标位置估计值,连续进行估计后获得目标轨迹的历史数据。换句话说,雷达检测到目标并不意味着就完成了所有工作。在实践中,雷达需要输出各个目标的跟踪,显示目标的变化和方向。从常规来讲,实现上述目标要么采用专门用于跟踪单个目标的雷达,要么对雷达通过方位扫描获得的多目标检测数据进行边扫描边跟踪(TWS)处理,然后再将检测数据与单个目标相关联,确定目标随时间的变化。无源双基雷达的情况有所不同,因为其发射源一般是全向发射源。此外,对于更加常用的 VHF 和 UHF 发射频率,接收天线波束通常较宽,约为90°。这意味着目标位置可能误差较大,并且在缺少角度信息时可能存在模糊。同时,距离分辨率也较低,VHF 的距离分辨率约为数千米,UHF 的距离分辨率约为数十米。但是,无源雷达的优势之一是其跟踪更新间隔时间远远短于传统的扫描雷达。扫描雷达的更新是由波束重新到达的时间来确定的,而无源雷达是连续照射目标并连续接收回波,更新间隔几乎没有限制。本章主要阐述无源雷达检测数据要如何处理才可以提供有用的目标跟踪。

7.2 恒虚警检测

由于传统的检测方法也适用于无源雷达,因此本章将重点放在了雷达处理的跟踪阶段。但是,为了提供相关知识背景,下面简要回顾了无源雷达检测目标的常用处理方法。感兴趣的读者也可参阅入门教材《现代雷达原理》，该书极好地概述了恒虚警(CFAR)检测[1]。

无源雷达处理的第一个阶段是检测目标是否存在，一种常用的目标检测方法是采用恒虚警检测器，即基于周围噪声和杂波设定自适应的检测门限。豪兰(Howland)等描述了一种基于调频无线电发射机的无源雷达系统[2]，并认为传统的单元平均恒虚警(CA－CFAR)检测适用于该雷达系统，这种检测方法是在检测单元两侧都设有保护单元，该文献提到的恒虚警窗共有 10 个单元。考虑到这种无源雷达的距离分辨率较低(如果 $B=50\text{kHz}$，则 $c/2B=3\text{km}$)，采用单元平均恒虚警检测的确非常合适。

图 7.1 显示的是一个无源双基雷达系统的原始距离－多普勒图(a)和恒虚警检测的距离－多普勒图(b)，该系统基于一台调频无线电发射机和一台接收机，检测的是南非比勒陀利亚附近的飞机目标。在图 7.1 中，各个目标都有各自的距离和多普勒组合，这些值可以与可能的目标位置的距离值进行对比，从而能够剔除许多乃至全部的错误值。整体性能最终是随发射机和接收机参数、监测区域内的目标数量以及目标的实际相对位置而变化。一旦检测到目标并将其分配到距离、多普勒和方位单元后，就可以得出目标位置的估计值。然后将估计值反馈到跟踪滤波器，就可以获得更优的、平滑的位置估计值。这是一个随着时间推移而不断累积的持续过程，由此可以获得目标跟踪的过程。位置估计方法将在 7.3 节中介绍。

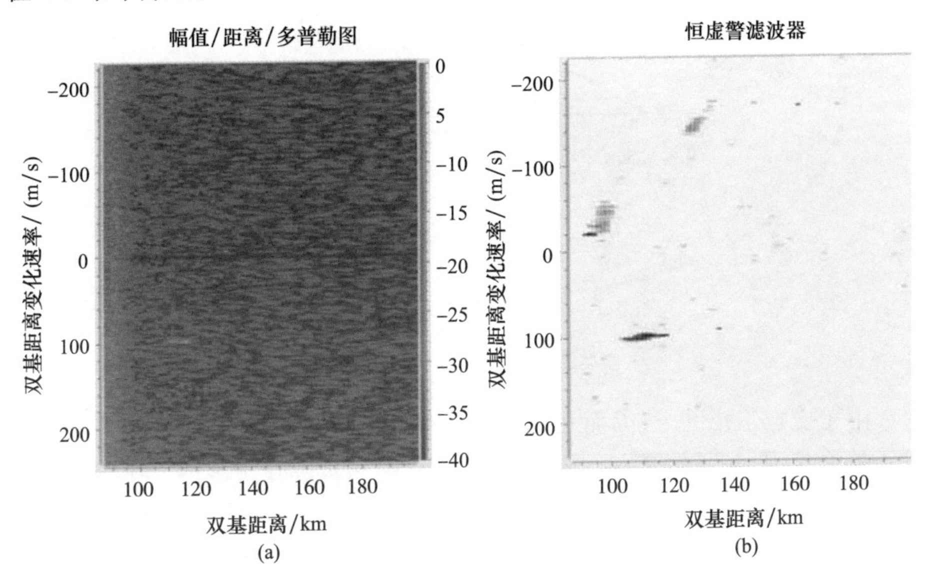

图 7.1　原始距离－多普勒图(a)和恒虚警检测的距离－多普勒图(b)
(开普敦大学克雷格·唐(Craig Tong)博士供图)

7.3 目标位置估计

7.3.1 等距椭圆

对于每个目标而言,无源雷达在接收机处可以获得的目标回波信息包括双基距离和 $R_T + R_R$、到达方向(DOA)和多普勒频移。双基距离和信息通常来自发射机直达波和目标回波之间的接收时延 $(R_T + R_R - L)/c$,一般是通过对回波和干净的直达波进行互相关处理而完成测量。因此,如果已知 L,则直接可得 $R_T + R_R$。双基距离和、到达方向和多普勒频移的测量值可以单独使用,也可以组合使用。对于特定的双基收发对,以发射机和接收机为两个焦点,双基距离和可形成一个等距椭圆,目标必然位于其上(图 7.2)。如果可以获得接收机处的回波到达方向测量值,则可以确定目标在椭圆上的位置;或者,如果可以获得来自多个收发对的双基距离信息,则可以通过等距椭圆的交点确定目标位置(图 7.3)。

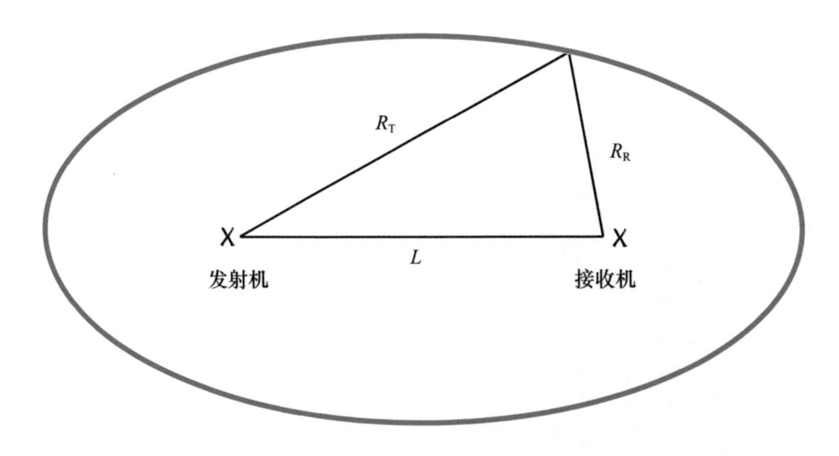

图 7.2 双基距离和($R_T + R_R$ = 常数)形成的等距椭圆

由于交点不止一个,因而几乎总是存在模糊问题,需要采用一些方法来识别正确交点,剔除其他交点。要解决这一问题,可以通过更多的等距椭圆进行多点定位(图 7.4),也可以利用多普勒信息。图 7.4 中的等距椭圆是用 3 台发射机照射某个目标并用一台接收机接收后形成的,在这种情况下 3 个椭圆相交于一点,这就是真正的目标位置,但同时还有两个椭圆相交形成的 3 个鬼影位置。

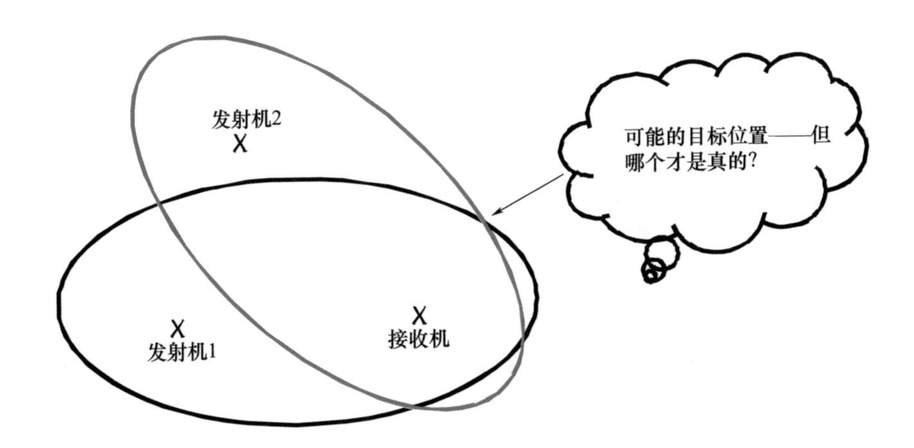

图 7.3　一台接收机与两台发射机情况下针对某个目标的双基距离和对应的等距椭圆（一台发射机与两台接收机也会形成类似情况。椭圆在 4 个位置相交，但其中只有 1 个位置对应的是真正的目标位置，其他 3 个都是鬼影）

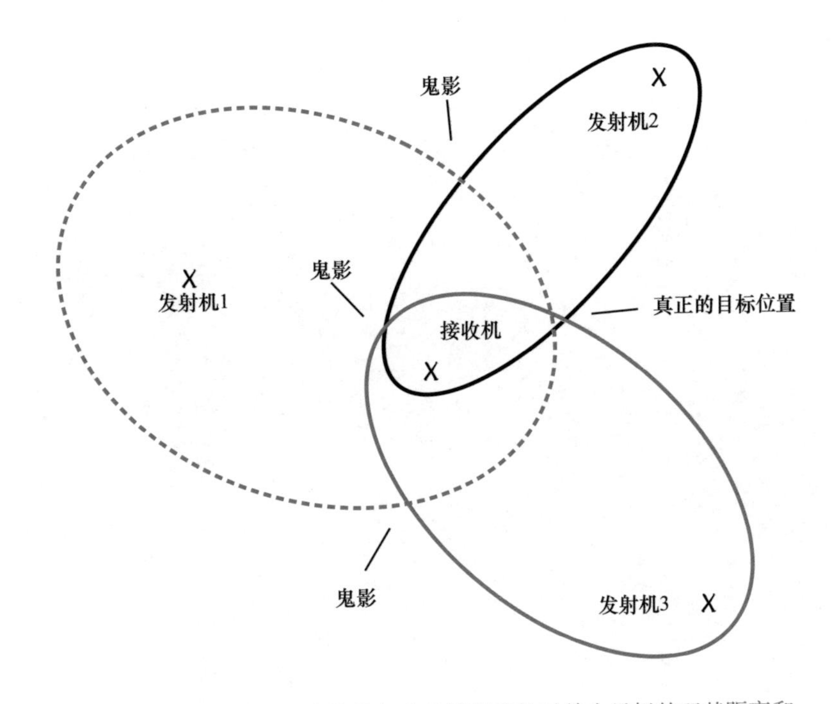

图 7.4　3 台发射机与 1 台接收机布局情况下针对单个目标的双基距离和对应的等距椭圆（图中 3 个椭圆相交于一点，这就是真正的目标位置，但同时还有 2 个椭圆相交形成的 3 个鬼影位置）

这些模糊的目标位置称为“卡斯珀斯鬼影”，得名于吉姆 · 卡斯珀斯（Jim

Caspers)。在斯科尔尼克(Skolnik)编著的第 1 版《雷达手册》[3]中,吉姆·卡斯珀斯编写了其中的双基雷达章节。一般情况下,如果有 N 个收发对和 n 个目标,则可能存在的鬼影数量为

$$\frac{(2n^2-n)(N^2-N)}{2} \tag{7.1}$$

识别和剔除虚假目标位置的过程称为“鬼影剔除”,这可能也是确定目标位置必不可少的一步。

利用多普勒信息也可以解决鬼影问题,如图 7.5 所示,该图是由本书 9.6 节中描述的机载无源雷达系统生成的。其中,携带接收机的飞机正在飞越英格兰东南部,两个等距椭圆分别标记为 A 和 B,对应于某个特定目标和两台调频无线电发射机,这两台发射机分别位于罗瑟姆(Wrotham)和吉尔福德(Guildford)。图 7.5 中还标出了测得的多普勒频移对应的多普勒向量,该多普勒向量也考虑了接收机载机的已知速度和方向。两个椭圆相交于两点,分别标记为 X 点和 Y 点。X 点的多普勒向量彼此一致,而 Y 点的多普勒向量彼此不一致,表明 X 点是真正的目标位置,而 Y 点是鬼影。黑色箭头指示的是通过 ADS/S 模式信息获得的目标位置和向量,从另一个独立来源确认了目标位置。

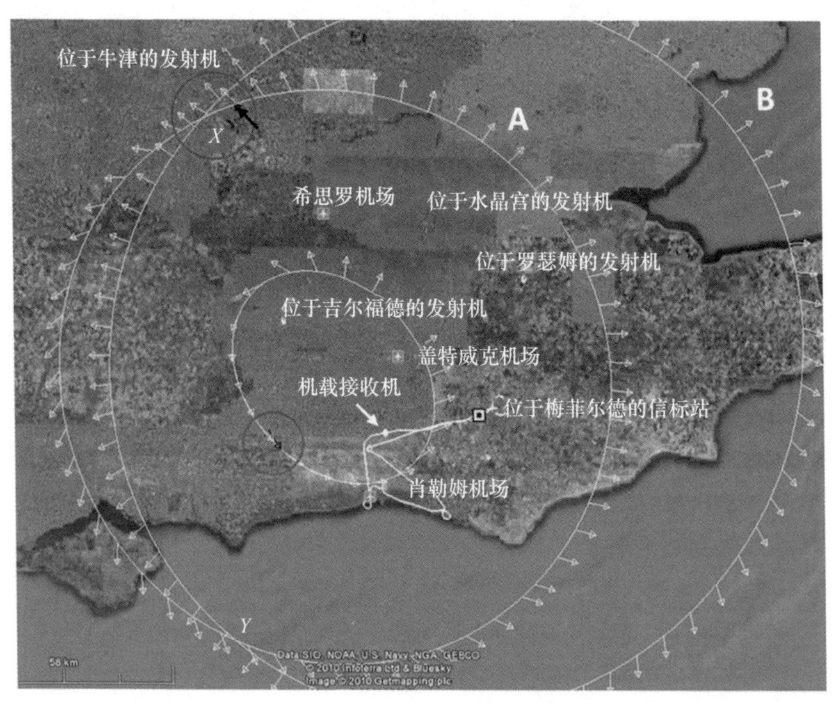

图 7.5　利用多普勒信息解决模糊问题
(詹姆斯·布朗博士供图[4])

7.3.2　到达时差

确定目标位置的另一种方法是比较两台接收机处的回波到达时差，这种方法在形式上与无线电定位和导航中的许多问题类似。图 7.6 所示为一台发射机和两台接收机的情况（发射机和接收机的数量也可以换过来），两台接收机处的回波到达时差为

$$\frac{R_{\mathrm{R}_1} - R_{\mathrm{R}_2}}{c} \tag{7.2}$$

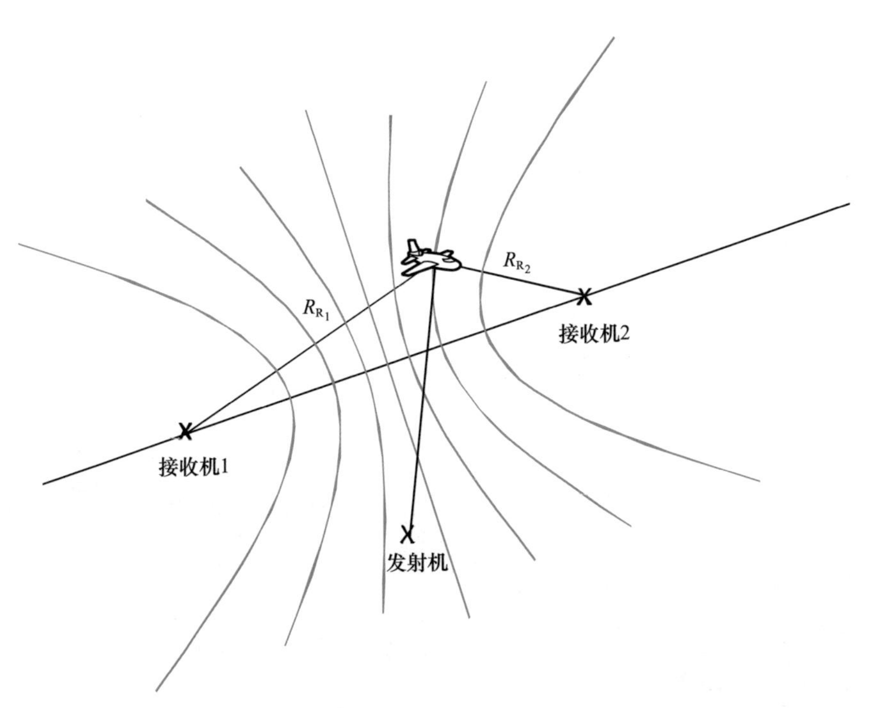

图 7.6　两台接收机处的回波到达时差为$(R_{\mathrm{R}_1} - R_{\mathrm{R}_2})/c$

（恒定到达时差的等值线是一个双曲面，通过组合多对接收机的测量值可以确定，双曲面的交点为目标位置）

恒定到达时差的等值线是一个双曲面，通过组合多对接收机的测量值可以确定，双曲面的交点为目标位置。一般情况下，三维至少需要 3 对接收机。

马拉诺夫斯基（Malanowski）和库利帕（Kulpa）[5] 指出，由于目标位置与所测参数之间并非线性关系，因此问题求解可能颇具挑战性。该文献推导并分析了两种闭式解，分别命名为球面插值（SI）和球面相交（SX），并通过仿真和实测数据对其进行了评估。图 7.7 中显示了一部无源雷达的仿真误差和理论

误差,该雷达由 3 台发射机(用三角形标记)和一台接收机(用圆形标记)组成,误差随 x 方向上的位置误差而变化,有关算法和结果的详细信息可参阅文献[5]。

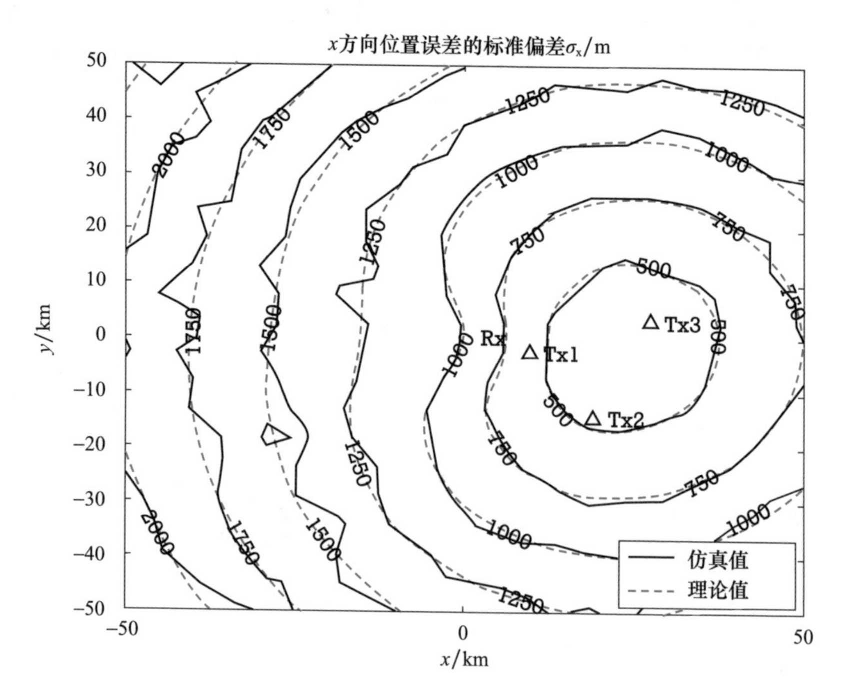

图 7.7 x 方向位置误差的仿真标准偏差(实线)和理论标准偏差(虚线)

7.3.3 距离 - 多普勒图

通过分解目标的距离和多普勒组合值来分离目标,有助于解决模糊问题。通常情况下,无源雷达系统的积分时间约 1s,1s 的积分时间相当于 1Hz 的多普勒分辨率。这意味着分辨度非常高,多普勒在消除模糊方面可以发挥关键作用,并且能够以较高精度提供至少一项跟踪参数,即目标速度。采用速度选通(利用高速度滤波器和低速度滤波器)等通用方法,可进一步提高目标速度的估计精度。对于来自接收机的信息,一种常用的呈现形式是距离 - 多普勒图。多普勒信息是通过在每个距离分辨率单元内进行快速傅里叶变换(FFT)处理并持续适当的积分间隔而得到的,并绘制为距离和多普勒的函数。采用第 5 章所述的方法进行直达波和杂波抑制后,所有剩余的直达波和杂波都会显示在零多普勒和近距离处,而目标将在合适的双基距离和多普勒处显示,示例见图 7.8。

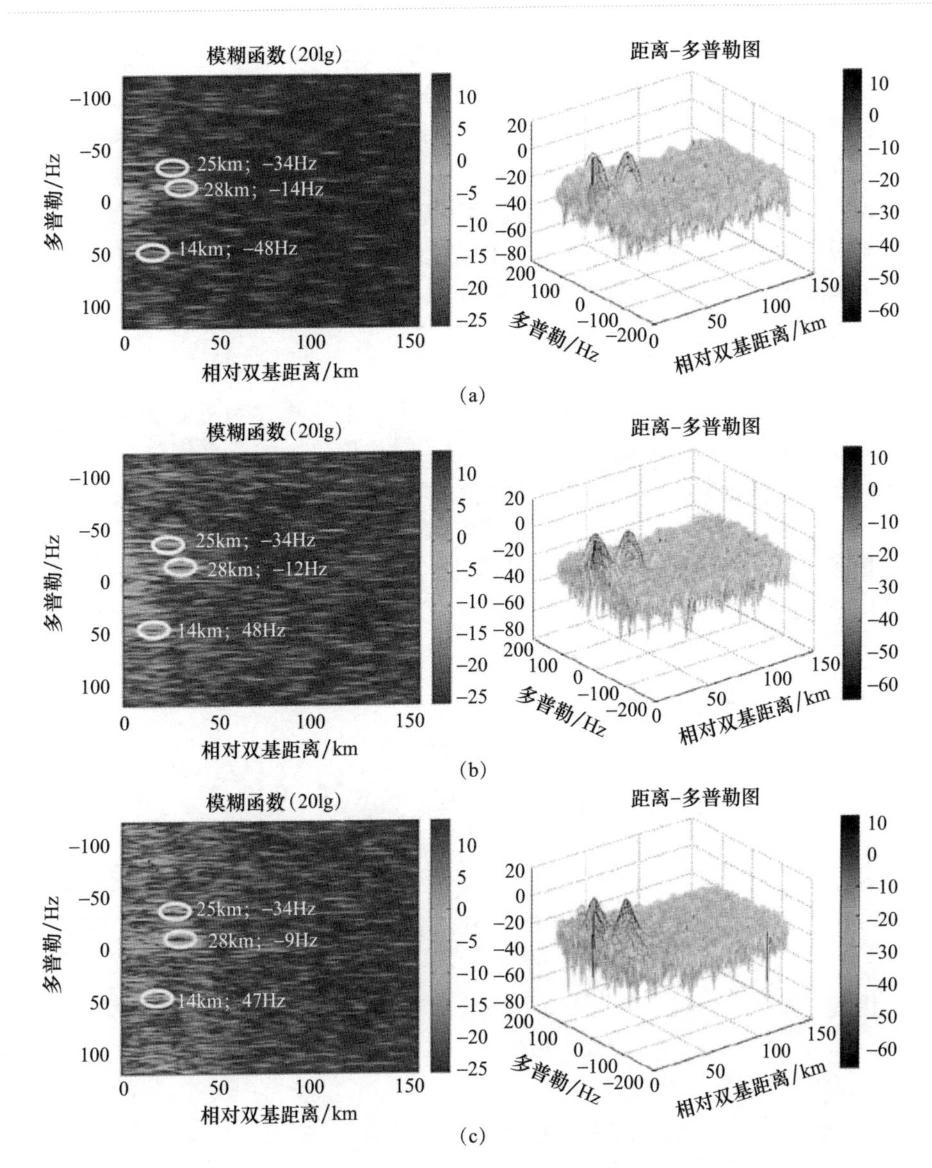

图7.8 位于罗瑟姆的BBC广播电台91.3MHz调频发射机的二维双基距离-多普勒图((a)、(b)和(c)显示的是3个连续的1s数据块[6])

7.4 跟踪过滤

获得被检测目标的位置估计值(测量估计值)后,下一阶段是使用跟踪滤波器来优化这些估计值，并连续不断地提供输出，以观测目标的跟踪历史数据。目前，相关文献中描述了无源雷达跟踪滤波器可以采用的各种方法，这些方法都与传统的雷达跟踪一样，涉及跟踪开始、关联、跟踪确认、目标状态估计、跟踪删除等基本操作。关于通用和先进的雷达跟踪方法，可参阅公认的权威文献[7－10]。实际上，即便考虑到前文提到的无源雷达特性，传统的跟踪方法也适用于无源雷达。本章在这里的示例是以豪兰等[2]的公开研究为基础的，采用的是卡尔曼滤波器，可能也是最常用的跟踪滤波器。

7.4.1 卡尔曼滤波器

豪兰等[2]采用的方法是以文献[8]第1.5节中的描述为基础的，在基本的卡尔曼滤波器中采用了距离－多普勒和到达时差信息。本章采用与文献[2]相同的描述和符号，测量向量 $\boldsymbol{z}(k)$ 由距离 R_k、多普勒 F_k 和方位 $\boldsymbol{\Phi}_k$ 的测量值组成：

$$\boldsymbol{z}(k)=(R_k F_k \boldsymbol{\Phi}_k)' \tag{7.3}$$

状态向量 $\boldsymbol{x}(k)$ 由距离、距离变化速率、多普勒、多普勒变化速率、方位和方位变化率组成：

$$\boldsymbol{x}(k)=(r(k)\,\dot{r}(k)\,f(k)\,\dot{f}(k)\,\phi(k)\,\dot{\phi}(k))' \tag{7.4}$$

状态转移矩阵为

$$\boldsymbol{F}(k)=\begin{pmatrix}1 & 0 & -\lambda\tau & 0 & 0 & 0\\ 0 & 0 & -\lambda & -\lambda\tau & 0 & 0\\ 0 & 0 & 1 & \tau & 0 & 0\\ 0 & 0 & 0 & 1 & 0 & 0\\ 0 & 0 & 0 & 0 & 1 & \tau\\ 0 & 0 & 0 & 0 & 0 & 1\end{pmatrix} \tag{7.5}$$

因此，有

$$\boldsymbol{x}(k+1|k)=\boldsymbol{F}(k)\hat{x}(k|k) \tag{7.6}$$

式中：τ 为更新间隔；λ 为波长。

状态预测协方差矩阵的更新是根据：

$$\boldsymbol{P}(k+1|k)=\boldsymbol{F}(k)\boldsymbol{P}(k|k)\boldsymbol{F}(k)'+\boldsymbol{Q}(k) \tag{7.7}$$

式中，状态转移矩阵以标准方式定义：

$$\boldsymbol{F}(k)=\begin{pmatrix}1 & \tau & 0 & 0 & 0 & 0\\ 0 & 1 & 0 & 0 & 0 & 0\\ 0 & 0 & 1 & \tau & 0 & 0\\ 0 & 0 & 0 & 1 & 0 & 0\\ 0 & 0 & 0 & 0 & 1 & \tau\\ 0 & 0 & 0 & 0 & 0 & 1\end{pmatrix} \tag{7.8}$$

这里,关联门定义为

$$[z-\hat{z}(x+1|k)]'\boldsymbol{S}(k+1)^{-1}[z-\hat{z}(x+1|k)]\leqslant\gamma \tag{7.9}$$

其中,关联门的阈值 γ 设为 11.4,对应于 0.99 的概率(三自由度),并且关联门大小在保持初始跟踪的同时增加 1.5 倍。

跟踪器的处理过程如文献[2]所述。

(1)根据落入式(7.9)定义的关联门内并且离 $\hat{z}(x+1|k)$ 最近的图,更新所有已确认的跟踪。如果没有满足条件的图,则根据变化速率辅助跟踪。

(2)利用剩余的图,根据落入式(7.9)定义的关联门内并且离 $\hat{z}(x+1|k)$ 最近的图更新所有的初始跟踪。如果没有满足条件的图,则根据变化速率辅助跟踪。

(3)利用剩余的图,开始新的跟踪。

与其他卡尔曼滤波一样,本章中的卡尔曼增益也用于控制测量值和过程噪声之间的偏差,增益的选择取决于测量值的精度和待跟踪目标的运动行为。在文献[2]中,豪兰等描述了卡尔曼滤波算法在无源雷达系统中的应用,该雷达系统由位于荷兰的一台调频无线电发射机和一台接收机组成。该文献的研究结果表明,无源雷达系统能够实时稳定跟踪北海上空的商用飞机目标,距离超过 150km。

7.4.2　概率假设密度跟踪

托拜厄斯(Tobias)和兰特曼(Lanterman)采用的是另一种方法[11],即马勒(Mahler)[12]原创的概率假设密度(PHD)方法,用于解决鬼影剔除和目标状态估计这两个问题。概率假设密度的定义为:通过在任何给定区域内进行积分而确定区域内预期目标数量的所有函数。

他们采用了更新方程的粒子滤波器实现,其中概率假设密度由粒子集及其对应的权值表示。本章采用与文献[10]相同的符号,对于时间步长 k,滤波器中的每个粒子都是以下形式的向量:

$$\boldsymbol{\xi}_i=[x_i\quad y_i\quad \dot{x}_i\quad \dot{y}_i]^{\mathrm{T}} \tag{7.10}$$

式中:(x_i,y_i) 为粒子的位置分量,$(\dot{x}_i,\dot{y}_i)$ 为粒子的速度分量。并且权值为 $w_{i,k}$,根据概率假设密度的本质属性,有

$$\tilde{N}=E[\text{目标数量}]=[N_{k|k}]_{\text{最接近的整数}} \tag{7.11}$$

其中

$$N_{k|k}=\sum_i w_{i,k} \tag{7.12}$$

具体而言,概率假设密度可以:①自动估计目标数量;②解决鬼影目标问题;③融合传感器(双基收发对)数据,而不需要任何明确的报告-跟踪关联[13]。

本章的结果是通过仿真获得,采用了 3 个双基收发对,测量了在华盛顿特区飞行的 2 个飞机目标,先后测量了目标的距离和距离 - 多普勒。发射机是 3 个本地 VHF 调频电台发射站,接收机距离发射机 30 ~ 50km,基于洛克希德 · 马丁公司"沉默哨兵"雷达的接收机。仿真过程中,假设目标可视性好、覆盖重叠且无多径,计算的信噪比为 12. 2 ~ 32. 5dB。

仿真从最简单的形式开始,首先独立并随机分配粒子的二维位置分量和速度分量,并落入每个收发对的视场内。粒子权值最初设为零,然后这些粒子以 1s 的步长向前传播,并在每个时间步添加具有随机位置和速度的新生粒子来模拟新的目标。假设每步会出现一个新目标,因此每经历一个时间步会出现一个新生粒子。然后,概率假设密度结合距离 - 多普勒观测、计算的检测概率、泊松分布的虚警和单目标似然函数,在每个时间步分配(和更新)粒子权值 $w_{i,k+1}$。最后,通过式(7. 11)计算视场内的预期目标数量。首先假设概率密度由上述权值表示;然后从概率假设密度中提取 N 个最高峰值,由此可以确定 N 个预期目标的位置。

初步仿真结果虽然较为乐观,但是发现低信噪比区域的目标数量估计过高。随后开发了一种改进方法,尽管增加了计算负荷,但是消除了粒子必须在高信噪比区域内的限制[12],同时还达到了将所需粒子数量从几千个减少到几百个的效果。

7. 4. 3 多接收机无源跟踪

第三种方法[14]由法国泰雷兹航空系统公司的克莱因(Klein)和米勒(Millet)开发,应用在了该公司的 HA - 100"国土警戒者"无源雷达系统上,采用的照射源是具有互补优势的调频无线电和 DVB - T(见第 3 章)。

对于来自不同双基收发对的信息,可以通过多种方式进行融合。具体而言,每个收发对的信息都可形成一个跟踪,多个跟踪可以融合。融合方式可以是根据一些标准选择最优跟踪,可以是根据一些质量指标为各个跟踪赋予权值后进行综合,也可以是根据来自每个收发对的信息对单个跟踪进行更新。本章采用的是最后一种方法,因为在实践中发现,双基几何关系和(调频无线电照射的)瞬时调制会造成跟踪质量不同,进而无法总能从每个收发对获得可靠跟踪。

将目标的(三维)笛卡儿位置、笛卡儿速度与双基距离 R、速度 v 关联的方程是高度非线性的:

$$R = \| x - x_{\mathrm{Tx}} \| + \| x - x_{\mathrm{Rx}} \| - \| x_{\mathrm{Tx}} - x_{\mathrm{Rx}} \| \tag{7.13}$$

$$v = \dot{R} = \frac{x - x_{\mathrm{Tx}}}{\| x - x_{\mathrm{Tx}} \|} + \frac{x - x_{\mathrm{Rx}}}{\| x - x_{\mathrm{Rx}} \|} \cdot v \tag{7.14}$$

式中:x 和 v 分别为目标的笛卡儿位置和笛卡儿速度,x_{Tx} 和 x_{Rx} 是发射机和接收机的笛卡儿位置,跟踪器本身是一个非线性卡尔曼滤波器。

实验结果得出了跟踪目标的时间占比、平均跟踪长度和地面位置精度,并从这 3 个方面表明数据融合提高了性能。这也凸显了 DVB - T 和调频无线电照射源的互补性,表明两者结合使用可以获得良好的性能。

7.5　小结

本章回顾了从无源双基雷达原始检测信息中获得目标跟踪的一些方法。对于给定目标,雷达的检测信息可以包括来自一个或多个双基收发对的到达时差、到达方向和回波多普勒频移。处理检测信息的两种常用方法分别是等距椭圆和距离 - 多普勒图。多个双基收发对的等距椭圆相交会导致鬼影,这些虚假的目标位置需要剔除。

传统的检测和目标跟踪算法也可用于无源双基雷达,但需要考虑到无源双基雷达与传统单基雷达的不同之处,包括双基几何关系、鬼影的存在,以及在使用某些类型照射源时的低距离分辨率,双基几何关系和波形调制对质量的影响等。如前文所述,无源雷达由于角分辨率较低(使用 VHF 信号时,距离分辨率也较低),在实现精确跟踪时遇到了一些新的挑战,但是无源雷达也有部分优势,尤其是更新速率较高。

本章提到了三种目标跟踪方法:一是基于卡尔曼滤波;二是基于概率假设密度算法,这种算法有能够剔除鬼影的优势;三是基于信息融合,即融合来自多个调频无线电和 DVB - T 双基收发对的信息。

参考文献

[1] Richards, M. A. , W. A. Holm, and J. A. Scheer, *Principles of Modern Radar, Volume 1: Basic Principles*, Raleigh, NC: SciTech Publishing, 2010.

[2] Howland, P. E. , D. Maksimiuk, and G. Reitsma, "FM Radio Based Bistatic Radar", *IEE Proc. Radar, Sonar and Navigation*, Vol. 152, No. 3, June 2005, pp. 107 – 115.

[3] Caspers, J. M. , "Bistatic and Multistatic Radar", Chapter 36 in *Radar Handbook*, 1st ed. , M. I. Skolnik, (ed.), New York: McGraw – Hill, 1970.

[4] Brown, J. , et al. , "Passive Bistatic Radar Location Experiments from an Airborne Platform", *IEEE AES Magazine*, Vol. 27, No. 11, November 2012, pp. 50 – 55.

[5] Malanowski, M. , and K. Kulpa, "Two Methods for Target Localization in Multistatic Passive Radar", *IEEE Transactions on Aerospace and Electronics Systems*, Vol. 48, No. 1, January 2012,

pp. 572 – 580.

[6] O'Hagan, D., "Passive Bistatic Radar Performance Using FM Radio Illuminators of Opportunity", Ph. D. thesis, University College London, March 2009.

[7] Brookner, E., *Tracking and Kalman Filtering Made Easy*, New York: Wiley, 1988.

[8] Blackman, S., and R. Popoli, *Design and Analysis of Modern Tracking Systems*, Norwood, MA: Artech House, 1999.

[9] Bar – Shalom, Y., X. Rong Li, and T. Kirubarajan, *Estimation with Applications to Tracking and Navigation: Theory, Algorithms and Software*, New York: Wiley, 2001.

[10] Ristic, B., S. Arulampalam, and N. Gordon, *Beyond the Kalman Filter: Particle Filters for Tracking Applications*, Norwood, MA: Artech House, 2004.

[11] Tobias, M., and A. D. Lanterman, "Probability Hypothesis Density – Based Multitarget Tracking with Bistatic Range and Doppler Observations", *IEE Proc. Radar, Sonar and Navigation*, Vol. 152, No. 3, June 2005, pp. 195 – 205.

[12] Mahler, R. P. S., "Multitarget Bayes Filtering Via First – Order Multitarget Moments", *IEEE Transactions on Aerospace and Electronics Systems*, Vol. 39, No. 4, October 2003, pp. 1152 – 1178.

[13] Tobias, M., "Probability Hypothesis Densities for Multitarget, Multisensor Tracking with Application to Passive Radar", Ph. D. thesis, Georgia Institute of Technology, 2006.

[14] Klein, M., and N. Millet, "Multireceiver Passive Radar Tracking", *IEEE AES Magazine*, Vol. 27, No. 10, October 2012, pp. 26 – 36.

第8章

移动平台上的无源雷达

8.1 概述

在移动平台上部署雷达系统的主要原因是传感系统可以朝关注的目标场景或空域移动,由此可以大大增强感知能力的多用途性。这对于无源雷达来说也是如此,只不过无源雷达的传感系统是分布在发射机和接收机之间,由此产生了一些必须考虑的差异。实际上,无源雷达的接收机可以安装在各种各样的移动平台上,如有人机、无人机,甚至是卫星、车辆或船只上。发射机和接收机平台可以移动,意味着阵列信号处理方法可以抑制杂波和直达信号,同时也意味着可以实现高分辨率成像,这两种情况本章都会介绍。在大多数情况下,接收机安装在空中平台上,因此本章接下来也将重点关注空中平台。平台的路径大多呈线性,但在一些情况下也会采用以关注的特定目标场景为中心的圆形路径。

对于空中平台上的接收机而言,直达波一般较强,因此很容易获得干净的参考信号。然而空中平台上的天线尺寸有限,可能会导致波束的形成受到较大限制,并且直达波抑制需要采用自适应调零。

本章 8.2 节中描述的处理方法是采用德国弗劳恩霍夫高频物理与雷达技术研究所(Fraunhofer FHR)的研究成果,并且使用的符号也与该研究所的出版物相同[1-3]。图 8.1(a)所示的是“德尔芬”(Delphin)超轻型飞机,该机右机翼下携带了一个吊舱,吊舱内装有一个四阵元双极交叉八木天线阵列,为“三录仪 2”(Tricorder 2)接收机系统提供馈源。机会发射机是有效辐射功率为 100kW 的 DVB - T 信道。

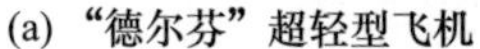
(a)“德尔芬”超轻型飞机

(b) 船上的“遮阳伞”(Parasol)接收机

图 8.1　用于无源雷达实验的移动平台示例
（弗劳恩霍夫高频物理与雷达技术研究所供图）

8.2　移动目标检测

一般而言，使用 DVB－T 照射源的无源雷达既可以用于空域监视，也可以用于地面目标监视。原则上，采用相同的基础硬件的确可以同时检测空中目标和地面目标，只不过处理过程需要分别专门设计。当然，平台运动会引起多普勒扩展，较大的离散值也会掩盖较弱的地面运动目标，再加上共信道干扰等机载平台特有的其他操作方面，处理过程确实需要克服许多困难。弗劳恩霍夫高频物理与雷达技术研究所的研究正是致力于解决这些问题，并侧重于地面目标检测，本节下文将对其进行阐述。

8.2.1　共信道干扰

首先要解决的问题是可能来自共信道发射机的干扰。对于地面接收机而言，发射机在空间上是分散的，由此可以实现频率复用，但是对于升空的空中平台接收机来说，可能会同时收到多个这样的共信道发射信号。这与第 4 章中讨论的单频网络不同，因为单频网络中共信道发送的信号完全相同。

弗劳恩霍夫高频物理与雷达技术研究所的研究人员与澳大利亚国防科技集团（DST）合作，对共信道干扰进行了研究，发现采用两级滤波处理才能充分抑制共信道干扰[1-3]。

8.2.2　杂波抑制

为了抑制杂波，可以采用传统的空时自适应处理（STAP）方法。在杂波出现离散值等非均匀情况下，采用空时自适应处理来估计杂波协方差矩阵通常会出现问题。克里斯塔利尼（Cristallini）和比尔格（Bürger）开发并评估了一版“稳健直接数据域空时自适应处理”(RD^3 - STAP)算法[4],并将其称为互补型 RD^3 - STAP(CRD^3 - STAP)算法[5]。

一个四阵元天线阵列的问题可表示为

$$\min_{w_p} \| \boldsymbol{F}_2^{\dagger} \boldsymbol{w}_p \|$$

$$\text{条件是} \left| \boldsymbol{w}_p^{\dagger}.\ \boldsymbol{a}_p \right| - \mathring{a}.\ \| \boldsymbol{w}_p \| \geqslant 1 \tag{8.1}$$

其中

$$\boldsymbol{F}_2[l,m] = \begin{bmatrix} \chi_1 - z_p^{-1}\chi_2 & \chi_2 - z_p^{-1}\chi_3 & \chi_3 - z_p^{-1}\chi_4 \\ \chi_4^* - z_p^{-1}\chi_3^* & \chi_3^* - z_p^{-1}\chi_2^* & \chi_2^* - z_p^{-1}\chi_1^* \end{bmatrix} \tag{8.2}$$

是距离 - 多普勒单元内的被测杂波单元的无干扰矩阵:

$$\boldsymbol{a}_p = [1 \quad z_p \quad z_p^2 \quad \cdots \quad z_p^{K'-1}]^{\dagger} \tag{8.3}$$

是指向被测杂波单元的名义导向矢量:

$$\boldsymbol{x}[l,m] = [\chi_1[l,m] \quad \chi_2[l,m] \cdots \chi_{k'}[l,m]]^{\dagger} \tag{8.4}$$

是距离 - 多普勒单元内的输入杂波单元。

重构杂波的距离 - 多普勒图为

$$\hat{\boldsymbol{a}}p[l,m] = \boldsymbol{w}_p^{\dagger}[l,m] \cdot \boldsymbol{x}[l,m] \tag{8.5}$$

去除杂波后的距离多普勒图为

$$\chi_{\text{CRD}^3\text{ - STAP}}[l,m] = \chi_1[l,m] - \hat{\boldsymbol{a}}p[l,m] \tag{8.6}$$

以仿真数据集为例,流程步骤如图 8.2 所示。

克里斯塔利尼和比尔格[4]对比了 CRD^3 - STAP 算法与自适应匹配滤波(AMF)方法,发现如果有足够的均匀训练数据,则自适应匹配滤波方法更优,否则 CRD^3 - STAP 算法更优。如图 8.2 所示,杂波在最终输出中已被抑制,先前被遮蔽的目标现在清晰可见,并且易于自动检测。然而,仍然存在的一个问题,即这些方法在各种使用场景中的鲁棒性。

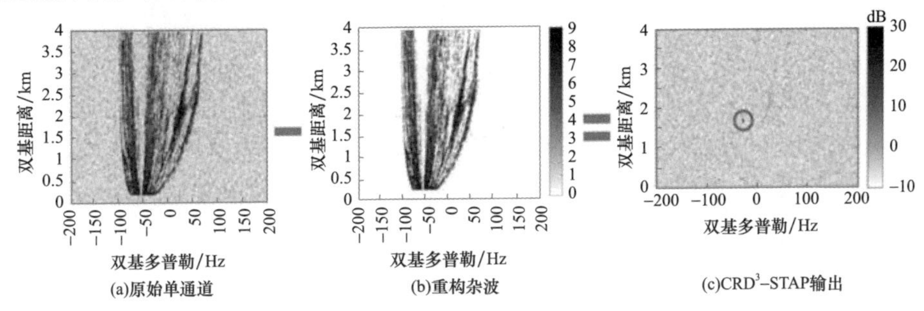

图 8.2　CRD^3 - STAP 算法(估计杂波的距离 - 多普勒图,并将其从原始数据中剔除)
(弗劳恩霍夫高频物理与雷达技术研究所供图)

8.2.3 多信道校准

所有的多信道接收机都需要采用一些信道响应校准方法来保证一致性，消除阵元辐射图失配所带来的影响以及低噪声放大器（LNA）、滤波器、混频器和数字化电路的响应差异。文献[6]描述并演示了一套严格实现这一目标的方法，图8.3显示的是基于真实数据的处理结果，可以看出对距离－多普勒图的清除效果较为明显。然而，正如预期，杂波减少程度并不像图8.3中使用仿真数据的情况那么好。

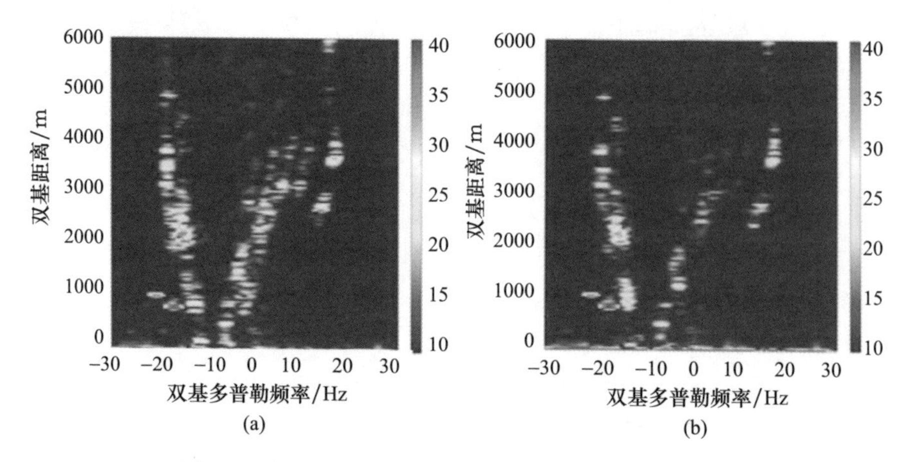

图8.3 未进行多通道校准和校准后的距离－多普勒图
（来源：弗劳恩霍夫高频物理与雷达技术研究所）

一旦杂波得到最大限度的消除后，就可以使用第7章中介绍的各种方法进行检测和跟踪。但是，平台引起的杂波扩展往往会限制针对移动目标的性能，特别是影响对低雷达速度目标的检测。总的来说，这是一个新兴的研究领域，我们预计机载无源雷达这一重要方向将得到进一步发展。

8.3 无源合成孔径雷达

8.3.1 布局和分辨率

雷达成像有许多用途，通常是采用机载和星载平台，用于地面和海洋的遥感与监测。基于无源雷达的合成孔径雷达（SAR）成像有很大的吸引力，因为它是对移动目标检测的理想补充。无源雷达与SAR结合，可以提供地面活动和特征的完整图像。合成孔径可以由发射机或接收机的运动或二者运动结合形成，因此有几种不同的布局,包括以下几方面。

(1)卫星或飞机上的移动发射机,固定的地面接收机;

(2)卫星上的移动发射机,飞机上的移动接收机;

(3)固定的地面发射机,飞机上的移动接收机。

我们着重来看一下采用固定发射机的布局,合成孔径是由携带接收机的平台运动形成的。

传统的单基侧视 SAR 在条带模式下的方位分辨率 Δx 等于沿跟踪方向的雷达天线尺寸的一半,即 $d/2$。这一个得到公认的方程有多种不同的推导方法,但是大部分方法都是依据从雷达到目标、从目标到雷达的双向路径变化速率,推导出雷达回波按顺序的多普勒历程[7-9]。

从更广泛的层面而言,方位分辨率可以表示为雷达在目标处的进入角变化(图 8.4):

$$\Delta x = \frac{\lambda}{4\sin(\Delta\theta/2)} \tag{8.7}$$

式中:λ 为波长。

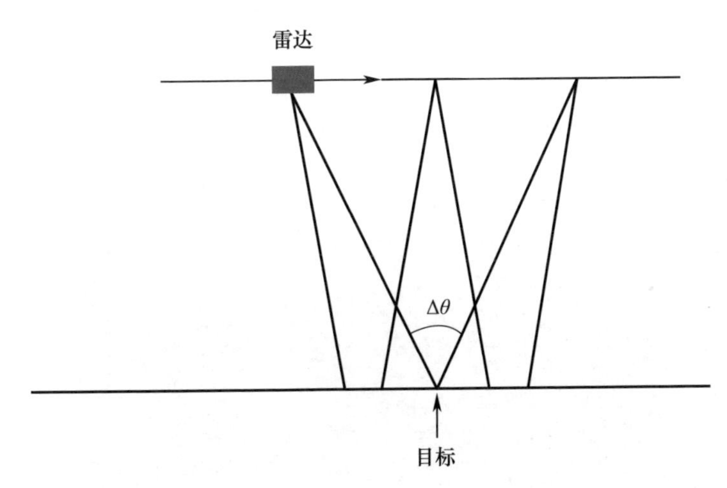

图 8.4 根据雷达在目标处的进入角变化[$\Delta\theta$,见式(8.7)]而得出的 SAR 方位分辨率

在条带模式中,$\Delta\theta$ 等于天线波束宽度 λ/d,如果将其代入式(8.7),并对正弦函数取小角度近似,就可以得到熟悉的结果。

如果可以操纵天线波束,保持目标场景在视场内,时间长于固定波束,则可以形成持续时间更长的合成孔径,并由此可以获得更高的方位分辨率(聚束模式)。

在双基 SAR 中,只有到达目标的单向距离有变化,因此式中的方位分辨率要低 1/2。记住这一点,就可以把式(8.7)用于在所有的无源雷达场景中提供方位分辨率。

另外，可以使用干涉测量、差分干涉测量和无源 SAR 相干变化检测等，这些 SAR 方法也提供了很多思路。

8.3.2 运动补偿

与单基 SAR 一样，移动平台的轨迹偏差（不是理想的线性或圆形）将导致图像散焦，因为这些偏差通常大于雷达波长，造成相位误差大于 2π。要对这些偏差进行表征和补偿，通常需要组合使用惯性传感与数据驱动的自聚焦方法，前者用于处理合成孔径的缓慢变化误差，而后者用于处理快速变化误差。数据驱动的运动补偿算法使用与单基 SAR 相同的算法即可[9]。

8.3.3 双基 SAR 图像的特性

值得注意的是，双基 SAR 图像包含的信息与传统的单基图像不同，如果图像分析人员能够识别并理解双基目标特征的这些细微之处，则可能会有额外的重要发现。例如，图 8.5 显示的是英格兰西南部一个小村庄的双基合成孔径图像，获得该图像的双基系统由飞机携带的 X 波段发射机和直升机携带的接收机组成[10]，双基角约为 50°。图像底部有两个用白色箭头标记的特征点，每个特征点都有两个阴影，一个来自发射机方向，另一个来自接收机方向。如果要使用阴影的长度和形状来获得关于目标高度和形状的信息，那么这种双基布局显然能够提供两条独立的信息。

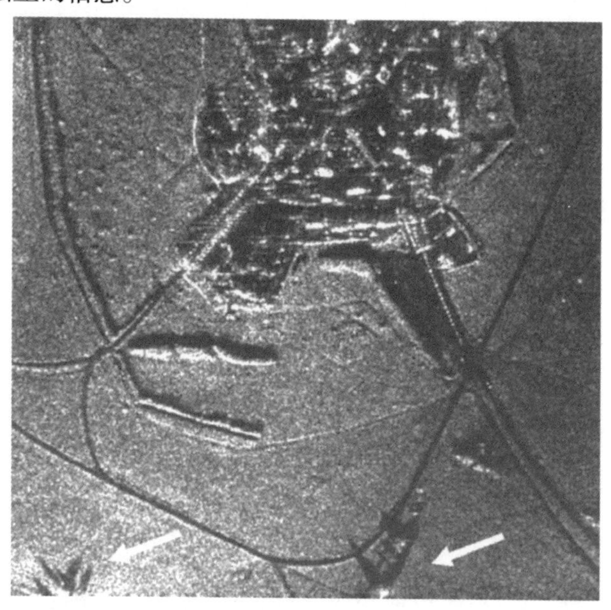

图 8.5　英格兰西南部一个村庄的双基 SAR 图像

图 8.6 对比的是同一目标场景(图 8.5 中的村庄)的单基图像和双基图像。其中,单基图像显示出许多强烈的散射特征,这是由于建筑物的竖墙和地面形成了二面角和三面角反射器,称为“城市三面体”[11]。在双基图像中(双基角约为70°),这些特征点都没有出现如此强烈的散射。文献[10]将复合 K 分布杂波模型拟合到地面场景的测量值中,包括在同一时间获得的该地面场景的单基和双基 SAR 图像。结果表明,K 分布拟合效果较好,但更重要的是,双基图像的形状参数 v 都比单基图像高,也就是说双基杂波的尖峰更少。在森林的双基 SAR 图像[12-13]中也观察到了类似现象,森林中的二面角可以由垂直树干和水平地面形成。双基海杂波[11,14-15]同样有类似情况,但造成这种情况的物理机制更加难以理解。

(a) 单基图像

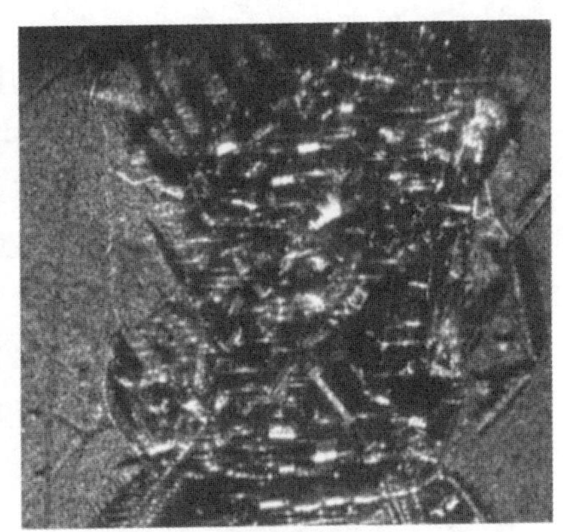
(b) 双基图像

图 8.6　双基图像和单基图像对比[10]

本章的基本观点是,要想从双基图像中提取信息,重要的前提是理解形成双基目标、杂波特征以及其他现象的物理过程。

8.3.4　基于地面 DVB - T 传输的无源 SAR 成像

目前,日趋热门的一个研究领域是利用地面 DVB - T 作为机会照射源的无源 SAR 成像。使用这样的照射源会直接带来很大的限制,如地理上的可用性、双基几何关系和可实现的分辨率等。但是,如空中目标检测那样,发射机功率高能够实现远距离成像,而无源 SAR 可以使用的发射机数量也变得越来越多。对于单个 DVB - T 信道,通常可用于成像的带宽约为 8MHz,提供 20m 的最佳距离分辨率。此外,DVB - T 的发射频率是位于 UHF 频段,图像应用可以扩展到包含需要叶簇穿透的应用。

位于世界各地的多个团队独立设计了很多系统,并开展飞行试验证明了

DVB－T SAR 方案[16－26]。通常情况下，这些系统是采用不同的通道来分别接收直达信号和反射信号，其中直达信号用于直接压缩距离数据。文献[21,26]对此进行了简化，省略了直达波通道，这样做的好处是硬件复杂度大约减半。在一些实际情况下，这种结构不仅是最佳的也可能是唯一的解决方案。如果将无源雷达部署在小型飞机上，甚至是小型无人机上，则必须使用物理尺寸较小的低增益天线。

早期的 DVB－T SAR 图像虽然效果不错，但也有一些不符合要求的伪影，需要校正后才能生成可靠和稳定的图像。其中一种伪影是来自雷达数据中存在的强直达波，无源雷达剔除这种信号的传统方法是基于 CLEAN 系列方法[27－28]。然而，这些方法尚未广泛用于无源 SAR 成像，并且还必须依赖专门记录直达波的单独通道。对于机载系统，可能出现的另一种伪影是来自平台运动中的未知扰动。在标准的 SAR 成像中，通常是使用自聚焦方法进行校正。然而，这些方法要想应用于基于 DVB－T 发射的无源 SAR 成像，最终还需要通过使用真实数据检验实现性能来进行验证。最后，必须考虑到 DVB－T 波形特性（见第 3 章）可能造成的问题，特别是对无源雷达影响较大的导频信号。对于这些问题，要么予以解决，要么理解问题对生成图像的影响，并且判断对指定应用而言是否可以接受。

文献[26]提出了一种无源 SAR 成像方法，其目的在于解决上述所有会妨碍高分辨率图像生成的问题，采用的手段包括距离压缩、直达波抑制、后向投影成像、自聚焦和最终图像处理等。

文献[26]提到了在距离压缩过程中由导频音引起的模糊，该模糊是通过方位压缩过程将其抑制到对最终图像的影响可忽略不计的程度。直达波的获取是采用了改进后的 CLEAN 算法，算法包括特征提取、矩阵相关系数计算和图像相减三种。指定孔径位置或方位样本的参考信号估计是通过信号平均而获得的，而信号是在一系列之前的 SAR 孔径位置上进行记录的，其中记录的数据长度相当于一个 DVB－T 符号。因此，在有限的持续时间内，直达波基本上没有变化，但是来自目标区域的复杂反射回波是变化的，由此可以通过平均来获取目标回波。然后，利用后向投影算法（BPA）对回波进行方位压缩，因为这样实现起来较为简单。后向投影算法是标准形式的经典算法，在 SAR 成像等领域中都较为常用。自聚焦处理是用于补偿机载平台本身飞行的不稳定性，因为不稳定导致的运动误差会严重降低图像质量。此外，还可以使用惯性测量单元（IMU）或全球定位系统（GPS）来记录实时位置和速度信息。然而，这样的精度仍然不足以生成完全聚焦的图像，图像自聚焦处理是解决这一问题的方法之一。有的方法是采用传统的子孔径偏移算法（MDA），如文献[8]所述，但算法针对无源机载 SAR 进行了修改。目前，并没有说不能采用相位梯度（PG）等更为复杂的算法[29]。但是，子孔径偏移算法实现更为简单，尤其是在双基系统中，因为距离和方位旁瓣的方向与空间分辨率不再是正交的，但对于相位梯度算法则会增加复杂性。子孔径偏移算法的处理主要是在数据内执行，而不是在图像域内执行，因此对上述影响更有适应性。图 8.7 显示的是 8s 合成孔径时间的成像结果，其中(a)显示的是未校正的图像，(b)显示的是应用洁化(CLEAN)算法后的图像，(c)显示的是相同区域的光学卫星图像。

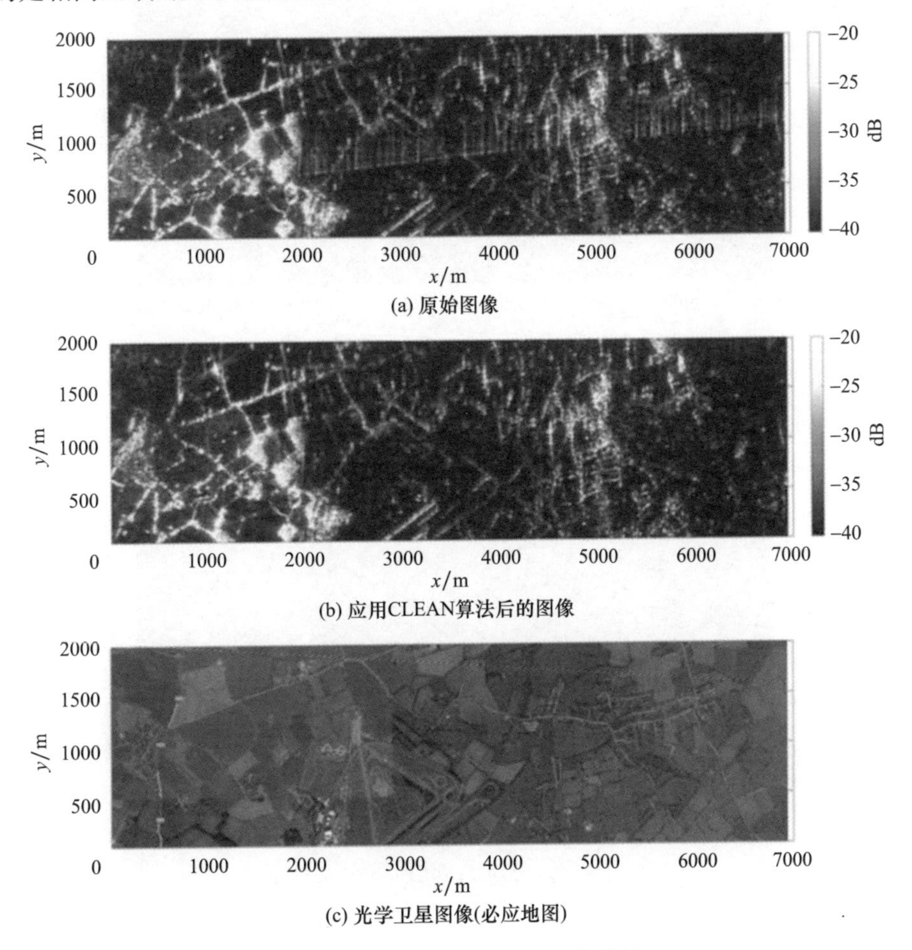

图 8.7　8s 合成孔径时间的成像结果

图 8.8 对比了原始的未聚焦图像与自聚焦后的图像，合成孔径时间为 16s，此处采用子孔径偏移算法使图像正确聚焦。

很明显，自聚焦处理后的图像更清楚地显示了图像的基本特征，并且显示的动态范围也有提升。对点状散射体进一步分析发现，其特性与期望的理想情况接近。虽然与传统的单基 SAR 相比分辨率仍然相对较低，但潜在的低成本加上易于实现，使无源 SAR 的这种能力颇具吸引力。未来，预计会尝试使用多个 DVB－T

发射信号来提高分辨率，如果能够实现，将大大提升图像的实用性和应用范围。同时，也进一步需要稳定的成像方法，并可能需要更加复杂的自聚焦方法。

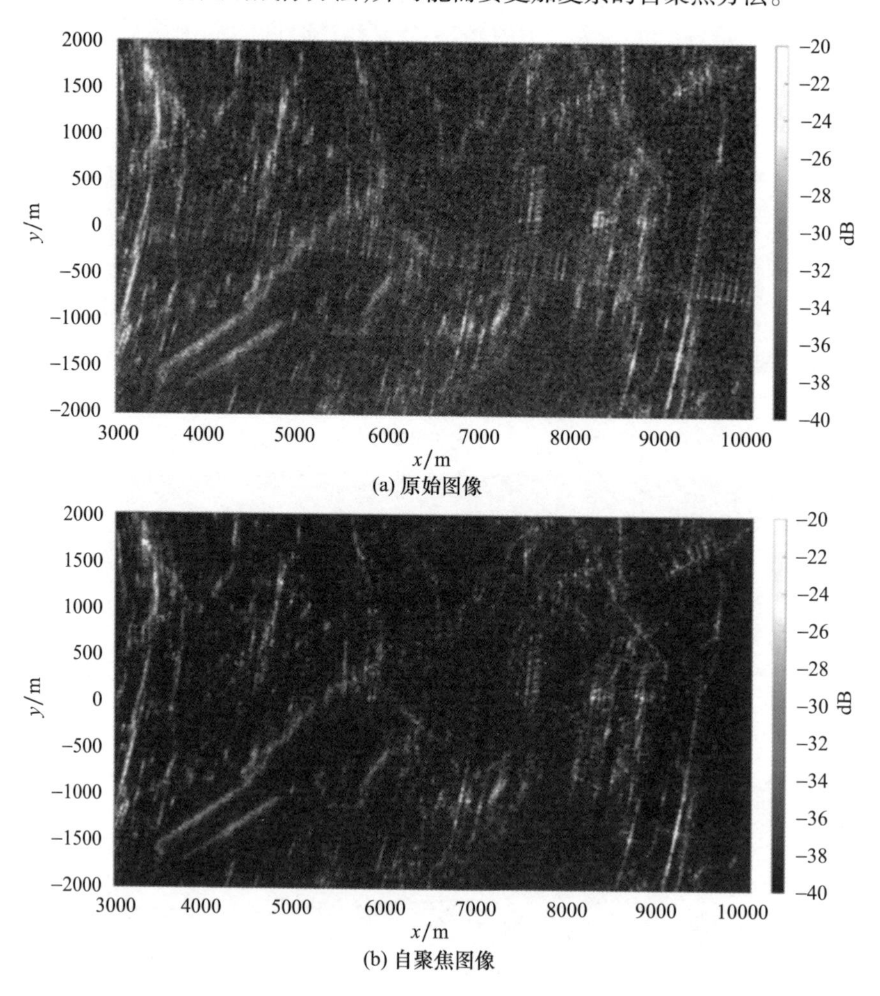

(a) 原始图像

(b) 自聚焦图像

图 8.8　16s 合成孔径时间的成像结果

8.4　基于卫星导航照射源的多基成像

本节阐述的无源 SAR 接收机既可以由飞机携带，也可以位于固定地点。在截至目前发表的大多数研究文献中，雷达接收机都采用固定位置，因为这会大大简化实验，并避免机载所带来的昂贵成本。但是，无论是固定接收机还是机载接收机，都是由星载发射机提供关键运动的，并主导成像配置。GPS、Galileo 系统等全球导航卫星系统(GNSS)照射源提供了一个密集的移动发射机网络,看起来对多基无源雷达成像很有助益。但是,卫星在地面或地面附近的功率通量密度相对较低,会将接收机的作用距离限制在几千米以内。但即便是在这样相对短的距离内,也需要较长的驻留时间,可能会长达几分钟。单个 GNSS 信号的最大信号带宽约为 10MHz,可以提供 15m 的最佳距离分辨率。然而,值得注意的是,已有研究证明可以通过将相邻的 Galileo 系统的频带组合成 50MHz 的总带宽,将距离分辨率大幅提高到 3m[30-31]。

由于 GNSS 是全球持续覆盖,因此可以在全球任意地点持续监测某一局部区域。此外,GNSS 本身就可以提供多基系统配置,因为同一区域随时随地都有来自一个星座的 6~8 颗卫星从不同角度进行照射,这些信号均可由一台接收机来记录和处理,方式与导航类似。

文献[32-33]介绍了利用 GNSS 机会照射源对地面进行多基 SAR 成像的方法,展示了如何通过信号相干组合来提高图像有效分辨率,这些信号是来自同一时间的多角度照射,形成了多个进入角几何关系。图 8.9 显示的示例图像总共使用了 46 个卫星信号,可能是多进入角成像最为突出的例子。在图 8.9 中,左边代表城市环境,右边主要是农村地区,含有树木和稀疏建筑,标为 A~G 的目标是构成伯明翰大学校园部分地区和附近医院设施的所有大型建筑。注意,虽然在这幅图中,可以看出分辨率仍然相对较低,并且视角的总跨度范围有限,但是这幅图显示出全球高分辨率无源雷达成像的潜力。

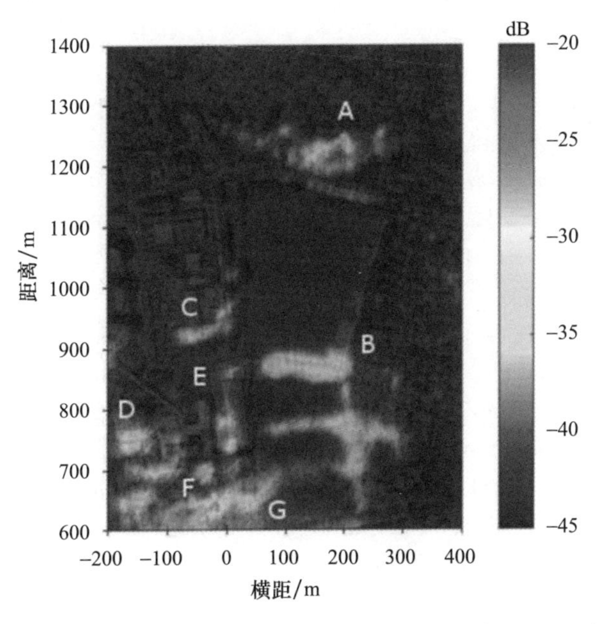

图 8.9　由 46 幅双基 SAR 图像非相干相加得到的多基 SAR 图像

8.5 小结

本章介绍了适用于移动平台无源雷达的一些处理方法。特别是只要发射机和接收机之间发生相对运动,就有机会实现成像,这开启了许多新的应用领域。无源雷达的双基属性意味着分辨率、投影面等图像属性会随几何关系而变化,因此在成像和利用时必须考虑双基几何关系。同时,受照射信号特性以及发射机和接收机组合的轨迹影响,可实现的分辨率仍存在限制。展望未来,会有更多射频信号卫星发射升空星链系统等新的卫星星座预计能够提供全球持续覆盖的高速联网能力,这为无源雷达提供了更加实用的新参数集,可能会促进这一重要课题的进一步研究。最后,本书 9.6 节给出了系统和结果的一些示例。

参考文献

[1] Wojaczek, P., et al., "Airborne Passive Radar Detection for the APART – GAS Trial", *IEEE Radar Conference*, Florence, Italy, September 21 – 25, 2020.

[2] Wojaczek, P., et al., "Reciprocal – Filter – Based STAP for Passive Radar on Moving Platforms", *IEEE Transactions on Aerospace and Electronic Systems*, Vol. 55, No. 2, April 2019, pp. 967 – 988.

[3] Cristallini, D., et al., "Dealing with Co – Channel Interference in Multi – Channel Airborne Passive Radar", *IET Radar, Sonar and Navigation*, Vol. 15, No. 1, 2021, pp. 85 – 100.

[4] Cristallini, D., and W. Bürger, "A Robust Direct Data Domain Approach for STAP", *IEEE Transactions on Signal Processing*, Vol. 60, No. 3, March 2012, pp. 1283 – 1294.

[5] Cristallini, D., L. Rosenberg, and P. Wojaczek, "Complementary Direct Data Domain STAP for Multichannel Airborne Passive Radar," *IEEE Radar Conference*, Atlanta, GA, May 10 – 14, 2021.

[6] Wojaczek, P., and D. Cristallini, "The Influence of Channel Errors in Mobile Passive Radar Using DVB – T Illuminators of Opportunity", *Proc. IRS 2018*, Bonn, Germany, May 20 – 22, 2018.

[7] Carrara, W. G., R. S. Goodman, and R. M. Majewski, *Spotlight Synthetic Aperture Radar: Signal Processing Algorithms*, Norwood, MA: Artech House, 1995.

[8] Jakowatz, C. V., Jr., et al., *Spotlight – Mode Synthetic Aperture Radar: A Signal Processing Approach*, New York: Springer, 1996.

[9] Oliver, C., and Quegan, S., *Understanding Synthetic Aperture Radar Images*, Raleigh, NC: SciTech Publishing, 2004.

[10] Yates, G. A., "Bistatic Synthetic Aperture Radar," Ph. D. thesis, University College London,

January 2005.

[11] Griffiths, H. D. , and R. Palamà, "Bistatic Clutter Modelling", Chapter 12 in *Novel Radar Techniques and Applications*, R. Klemm, et al. , (eds.), IET, Stevenage, 2017.

[12] Barmettler, A. , et al. , "Swiss Airborne Monostatic and Bistatic Dual – Pol SAR Experiment at the VHF – Band", *Proc. EuSAR 2008*, Friedrichshafen, June 2 – 5, 2008.

[13] Ulander, L. M. H. , et al. , "Bistatic Experiment with Ultra – Wideband VHFBand Synthetic Aperture Radar", *Proc. EuSAR 2008*, Friedrichshafen, June 2 – 5, 2008.

[14] Al – Ashwal, W. A. , et al. , "Statistical Analysis of Simultaneous Monostatic and Bistatic Sea Clutter at Low Grazing Angles", *Electronics Letters*, Vol. 47, No. 10, May 12, 2011, pp. 621 – 622.

[15] Al – Ashwal, W. A. , K. Woodbridge, and H. D. Griffiths, "Analysis of Bistatic Radar Sea Clutter II: Amplitude Statistics", *IEEE Transactions on Aerospace and Electronic Systems*, Vol. 50, No. 2, April 2014, pp. 1293 – 1303.

[16] Gromek, D. , et al. , "Ground – Based Mobile Passive Imagery Based on a DVBT Signal of Opportunity", *SEE Int. Radar Conference RADAR 2014*, Lille, October 13 – 17, 2014.

[17] Gromek, D. , et al. , "Initial Results of Passive SAR Imaging Using a DVB – T Based Airborne Radar Receiver", *EuRAD Conference*, Rome, Italy, October 8 – 10, 2014, pp. 137 – 140.

[18] Gromek, D. , K. Kulpa, and P. Samczyński, "Experimental Results of Passive SAR Imaging Using DVB – T Illuminators of Opportunity", *IEEE Geoscience and Remote Sensing Letters*, Vol. 13, No. 8, 2016, pp. 1124 – 1128.

[19] Gromek, D. , et al. , "Passive SAR Imaging Using DVB – T Illumination for Airborne Applications", *IET Radar, Sonar and Navigation*, Vol. 13, No. 2, 2019, pp. 213 – 221.

[20] Ulander, L. M. , et al. , "VHF/UHF Bistatic and Passive SAR Ground Imaging", *IEEE Int. Conference RADAR 2015*, Arlington, VA, May 11 – 14, 2015, pp. 0669 – 0673.

[21] Ulander, L. M. , et al. , "Airborne Passive SAR Imaging Based on DVB – T Signals", *Proc. IGARSS Symp.* , Fort Worth, TX, July 23 – 28, 2017, pp. 2408 – 2411.

[22] Frölind, P. – O. , "Results of Airborne Passive SAR Ground and Sea Target Imaging Using DVB – T Signals", *IEEE Radar Conference 2016*, Philadelphia, PA, May 2 – 6, 2016.

[23] Frölind, P. – O. , et al. , "Analysis of a Ground Target Deployment in an Airborne Passive SAR Experiment", *IEEE Radar Conference 2017*, Seattle, WA, May 8 – 12, 2017, pp. 0273 – 0278.

[24] Atkinson, G. , et al. , "Passive SAR Satellite System (PASSAT): Ground Trials", *International Radar Conference RADAR 2018*, Brisbane, Australia, August 27 – 30, 2018.

[25] Walterscheid, I. , et al. , "Challenges and First Results of an Airborne Passive SAR Experiment Using a DVB – T Transmitter", *Proc. EuSAR 2018*, Aachen, Germany, June 4 – 7, 2018.

[26] Fang, Y. , et al. , "Improved Passive SAR Imaging with DVB – T Transmissions", *IEEE Transactions on Geoscience and Remote Sensing*, Vol. 58, No. 7, July 2020, pp. 5066 – 5076.

[27] Kulpa, K. , "The CLEAN Type Algorithms for Radar Signal Processing", *Proc. MRRS Symp.* , September 2008, pp. 152 – 157.

[28] Garry, J. L. , C. J. Baker, and G. E. Smith, "Evaluation of Direct Signal Suppression for Passive Radar", *IEEE Transactions on Geoscience and Remote Sensing*, Vol. 55, No. 7, 2017, pp. 3786 – 3799.

[29] Wahl, D. E. , et al. , "Phase Gradient Autofocus A Robust Tool for High Resolution SAR Phase Correction", *IEEE Transactions on Aerospace and Electronic Systems*, Vol. 30, No. 3, July 1994, pp. 827 – 835.

[30] Ma, H. , M. Antoniou, and M. Cherniakov, "Passive GNSS – Based SAR Resolution Improvement Using Joint Galileo E5 Signals", *IEEE Geosci. Remote Sens. Lett.* , Vol. 12, No. 8, August 2015, pp. 1640 – 1644.

[31] Ma, H. , et al. , "Galileo – Based Bistatic SAR Imaging Using Joint E5 Signals: Experimental Proof – of – Concept", *IET Int. Radar Conference RADAR 2017*, Belfast, October 23 – 26, 2017.

[32] Nithirochananont, U. , M. Antoniou, and M. Cherniakov, "Passive Coherent Multistatic SAR Using Spaceborne Illuminators", *IET Radar, Sonar and Navigation*, Vol. 14, No. 4, 2020, pp. 628 – 636.

[33] Nithirochananont, U. , M. Antoniou, and M. Cherniakov, "Passive Multistatic SAR Experimental Results", *IET Radar, Sonar and Navigation*, Vol. 13, No. 2, 2019, pp. 222 – 228.

第9章

系统和结果示例

9.1 概述

本章旨在介绍并探讨真实的无源雷达系统和结果示例,涵盖了各种类型的照射源及应用,既有可以对地球表面进行合成孔径成像的星载发射信号,也有可以检测和跟踪人类的室内 Wi－Fi 接入点。本章结构与第 3 章所列举的发射机顺序基本一致,虽然因篇幅有限而无法详尽描述,但读者可通过文献列表查阅原始资料。

9.2 模拟电视

20 世纪 80 年代早期,一些最初的无源雷达实验采用了模拟电视发射信号[1],主要是因为模拟电视发射信号的功率高、带宽相对较宽(约 6MHz),而且多径干扰会产生重影效应,有时在模拟电视上就可以看到,这简单而有力地证明了该技术的可行性。然而正如第 3 章所述,人们很快发现模拟电视信号远不是理想的雷达波形,一方面是因为 64μs 的行重复率和较强的行同步脉冲带来了模糊,另一方面是因为直达波的抑制难度较大(见第 5 章)。

20 世纪 90 年代中期,豪兰(Howland)在实验中获得了较好的结果[2]。由于上述原因,他并没有试着直接测量目标距离信息,而是仅使用了电视信号中的图像载波部分(图 3.3)并提取回波多普勒频移,使用由并排安装的一对八木天线形成的干涉仪测量到达角。这种方法称为窄带无源双基雷达,该方法对目标的跟踪与被动水下声纳有一些相似之处,关于被动水下声纳已有大量的相关文献。虽然实验中仅使用了一部分信号频谱,使得有效发射功率较低,但结果十分明确。处理技术采用了扩展卡尔曼滤波,证明了该雷达可对英国东南部大部分地区的民用飞机进行跟踪(图 9.1)。

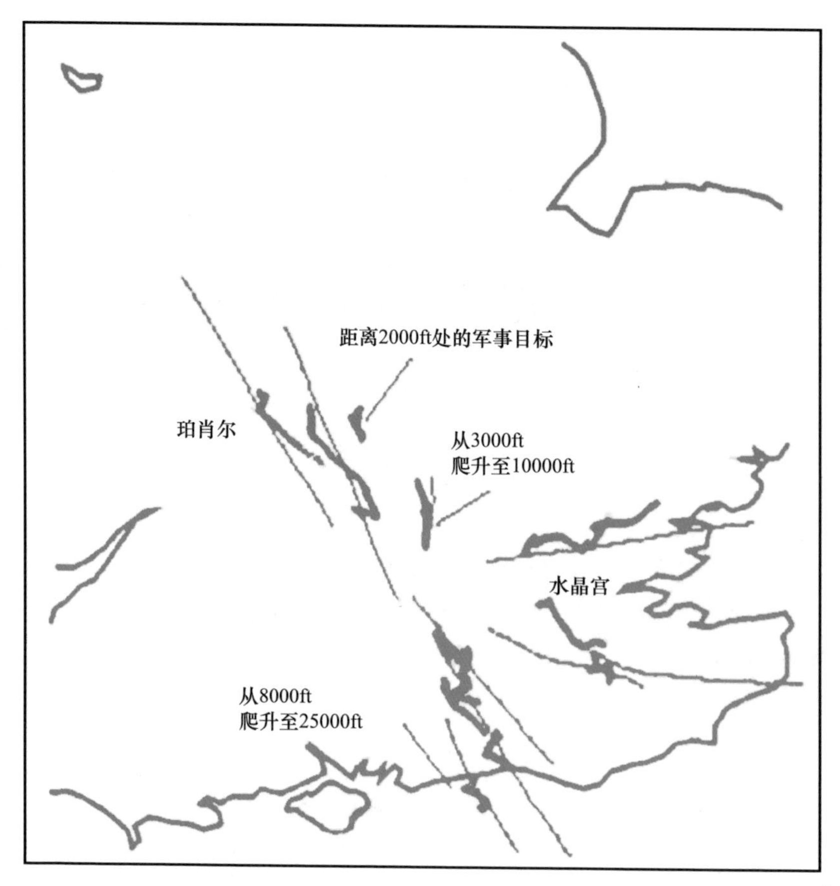

图9.1　使用位于伦敦南部水晶宫的模拟电视发射机和位于珀肖尔(Pershore)的接收机,对英国东南部上空的飞机目标进行窄带无源双基雷达跟踪,并将无源雷达跟踪(深灰色)与二次雷达跟踪(浅灰色)进行比较[2]

9.3　调频无线电

VHF 调频无线电发射信号已经成了许多无源雷达实验的基础,因为这些发射源功率高,并且在全世界几乎所有国家都可以轻易获得。第 3 章中讨论了调频无线电的波形特征,在此我们要对一些典型系统的结果进行描述。

9.3.1　“沉默哨兵”雷达

20 世纪 90 年代,美国洛克希德·马丁公司研制了一个利用 VHF 调频无线电照射源的实验型无源雷达系统[3]。该系统利用差分距离、到达角和多普勒信息进行处理,并且在第 3 代系统上演示了对华盛顿特区多个空中目标进行可靠实时检测和跟踪。据称,该系统对空中目标的跟踪精度为水平 100 ~ 200m、垂直 1000m,水平速度误差小于 2m/s。该系统还演示了对佛罗里达州卡纳维拉尔角发射的火箭进行实时检测和跟踪。

"沉默哨兵"雷达是将无源雷达商业化的首次尝试,但它太过超前于时代,当时无源雷达的关键用途尚未被发现,而且该雷达虽然性能突出,但性能赶不上传统雷达。

9.3.2 "马纳斯塔什山脊"雷达

第 1 章中我们曾提到过"马纳斯塔什山脊"雷达(MRR),它是由美国西雅图华盛顿大学的约翰·萨赫尔(John Sahr)和弗兰克·林德(Frank Lind)于 20 世纪 90 年代后期设计和研制的,作为研究北纬地区电离层 E 层等离子体湍流的一种低成本方法[4-5]。MRR 使用的信号是由位于华盛顿州西雅图的一台频率为 96.5MHz 的调频无线电发射机发出,接收机则远远地部署于喀斯喀特山脉另一面(距发射机 150km),直达波可忽略不计,由此解决了直达波的抑制问题(见第 5 章),雷达通过互联网实现同步和数据传输。

图 9.2 所示为一幅距离 - 多普勒图,接收的回波平均间隔为 10s,距离 1200km,E 层湍流的多普勒频移区在距离 900 ~ 1050km 之间。距离在 70km 左右时,散射中夹杂了地杂波,最强的地杂波信号来自雷尼尔山,这是一座著名的火山,山顶比附近地形高出近 3000m。

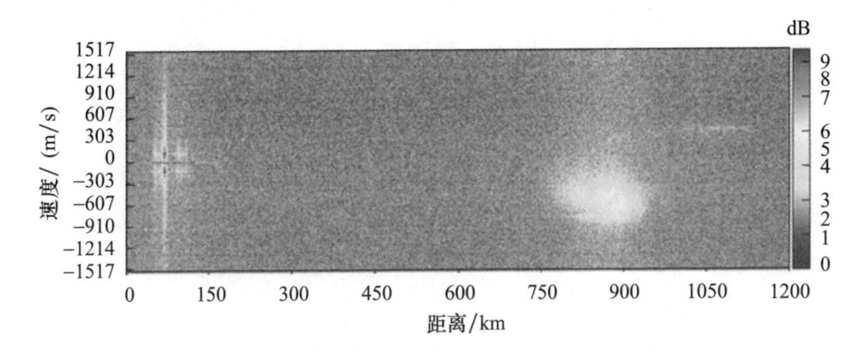

图 9.2　E 层湍流检测的距离 - 多普勒示例图[数据取自 2003 年 10 月 31 日 08:11:00(世界时)开始的 10s 散射(约翰·萨赫尔供图[5])]

图 9.3 为图 9.2 的局部放大图,在速度 ±303m/s 和距离 50 ~ 150km 形成的区域内可以观察到 8 架飞机。MRR 从未为了检测飞机目标而进行过任何形式的优化,但是这些飞机看起来相当清楚。飞机位于地杂波检测区域附近,但并未做任何工作来消除杂波。

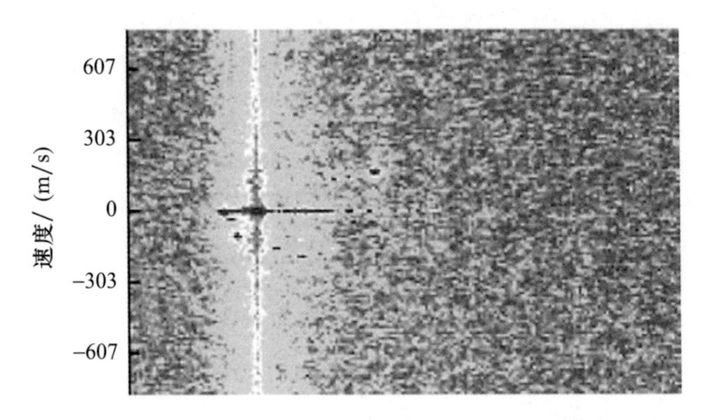

图9.3　距离 - 多普勒图中在速度 ±303m/s 和距离 50 ~ 150km 形成的区域内可以观察到8架飞机的检测特征[5]

MRR 使用了简单的直接数字化接收机,能够以图 9.2 所示格式 7 ×24h 持续在线提供数据。总体而言,该系统为电离层遥感提供了一个非常简单且低成本的解决方案,也体现了无源雷达的多用途性。后续工作中研究了基于软件定义无线电(SDR)模块的高性能接收机的应用,有关该主题的更多内容见第10章。

9.3.3　基于调频无线电照射源的近期实验

过去20年中研制了许多基于 VHF 调频无线电的无源雷达系统,相关报告不胜枚举。许多文献着眼于该项技术的难点,如直达波抑制或跟踪算法,这些已分别在第5章和第7章中做过描述。豪兰等[6]利用一台调频无线电发射机和一台接收机研制并演示了一套系统,对北海上空距离 150km 以外的商用客机进行检测和跟踪,该系统采用了第7章中所述的卡尔曼滤波跟踪处理。

图7.1中所示的例子是由开普敦大学和南非政府研究实验室研制和演示的一套系统,南非政府研究实验室是位于南非比勒陀利亚地区的科学和工业研究委员会(CSIR)的下属机构。该系统同样使用一台调频无线电发射机和一台接收机,其性能与上述系统相近。

华沙工业大学的马拉诺夫斯基(Malanowski)等分析了这类系统的结果,并考虑了真实天线辐射方向图、目标 RCS 和积分时间(以及相应的处理增益)等因素[7]。他们报告了使用无源雷达演示样机(PaRaDe①)设备进行民用客机目标检测的实验结果,并用 ADS - B 进行了跟踪验证,实验距离超过 600km,但也强调接收机动态范围足够大同样十分重要。

① 译 PaRaDe 由英文 Passive Radar Demonstrator 每个单词的前2个字母组合而成。

9.3.4　平方公里阵列空域监测

利用 VHF 调频无线电发射信号的无源雷达还有一种相对小众的用途，即用于监测南非平方公里阵列（SKA）中频阵列周围的空域。SKA 是一项宏伟的射电天文望远镜计划，涉及 11 个伙伴国[8]。该中频阵列位于南非北角（North Cape）的一个偏远地区，靠近卡那封（Carnarvon）小镇，频率范围为 350MHz ~ 14GHz。SKA 的数据完整性要求该频段内没有辐射影响其测量值，但事实上从开普敦往返约翰内斯堡的商业航班以及其他轻型飞机都会飞越该地区，都可能在 SKA 的工作频段内发射信号。

SKA 顺理成章地选择了基于 VHF 调频无线电的无源雷达作为监测雷达，因为无源雷达不需要额外的发射机，而且系统的成本低。此外，在 SKA 的频率范围之外有适用的 VHF 调频发射机，因此在 SKA 的工作频段内仍可保持无线电静默。该无源雷达是由 Peralex 公司研制的[9]，SKA 及无源雷达接收机的垂直极化八木天线见图 9.4。

(a) 平方公里阵列

(b) 无源雷达接收机

图 9.4　平方公里阵列（南非射电天文台）与无源雷达接收机
（斯蒂芬·佩恩博士供图）

除了可以跟踪对 SKA 造成干扰或系统故障的商用飞机外，该无源雷达系统还有一个主要优点是可以实时跟踪直接飞越 SKA 的公务机。如果没有无源雷达跟踪系统，则每当有计划的公务机飞过时，望远镜都需要停用一段设定的时间，避免对其敏感的前端电子设备造成任何损坏。无源雷达使望远镜的停用时间大大缩短，因为 SKA 操作员准确知道飞机何时进入并离开危险区。这在望远镜的整个使用寿命期内节省了大量的科研时间，创造了经济效益。

9.3.5　本节小结

虽然 VHF 调频信号的距离分辨率较差，且波形具有随时间变化的特性，但其优势十分明显：数量多且通常功率较高，已成为全球众多无源雷达实验的基础。在可以预见的将来,调频无线电发射信号预计仍将在许多国家继续使用,但正如第 1 章中所述,也有一些国家已经停用了。

9.4 手机基站

手机基站无处不在,即便是发展中国家也是如此,它提供的信号很容易被无源雷达利用。这种信号用于实验最早是在 21 世纪初的英国,由罗克·马诺尔(Roke Manor)实验室开展,这个概念称为“手机雷达”(celldar)。然而,虽然在公开新闻中有一些报道,但在需经过同行评审的技术文献中未见发表。

手机基站发射机的辐射方向图主要分布于 120°扇区中,垂直面内的辐射图按图 3.17 的方式进行调整,避免在水平方向上浪费功率。手机基站的发展趋势是尺寸越来越小,发射功率越来越低,在城市尤其如此。因此,针对某个空中目标,等效各向同性辐射功率(EIRP)的上限值通常为 +20dBW。第 6 章中给出了这类雷达的方程计算,其中对目标 RCS、积分增益和接收天线增益进行了合理假设。结果表明,针对空中目标的检测距离最多只有几千米,因而这类雷达仅限于特定的近距应用。

新加坡南洋理工大学在实验中使用全球移动通信系统(GSM)的发射信号证实了这些预测[10]。谭等报告了在 1km 距离内检测和跟踪大型车辆目标以及在 100m 距离内检测和跟踪人类目标的情况。至于距离分辨率,目标在上述距离处的距离是不可分辨的,但是多普勒信息可以将目标区分和识别出来。

如果传输功率更高、接收天线增益更大、积分时间更长,那么得到的结果会更好。德国弗劳恩霍夫通信、信息处理与人机工程学(Fraunhofer FKIE)研究所使用了一副具有足够增益的多波束、多通道阵列天线,使系统可以利用来自多个基站的发射信号,从而在距接收机 40km 以内的广阔区域内跟踪目标[11],系统主要实验参数见表 9.1。在各种情况下,基站均以 10W 的发射功率在 120°扇区内发射信号,EIRP 为 100W(20dBW)。图 9.5 显示了该系统部署区域的地图,地图上叠加了累积探测概率 P_D,以及用于该项计算的 4 个基站的位置和波束方向。

这样的性能肯定比之前采用 GSM 照射源的实验要好,但是多阵元阵列和多个接收机信道使成本和复杂度都有所增加,意味着这不再是一个简单的系统,但它的确证明了这种系统具有在更大区域内组合来自多个照射源信息的潜力。

表 9.1 实验参数[11]

参数	值	参数	值
发射功率/W	10	接收天线增益/dB	25
发射天线增益(120°扇区)/dB	10	相干积分时间/s	0.34
信号带宽/kHz	81.3	处理增益/dB	41.2

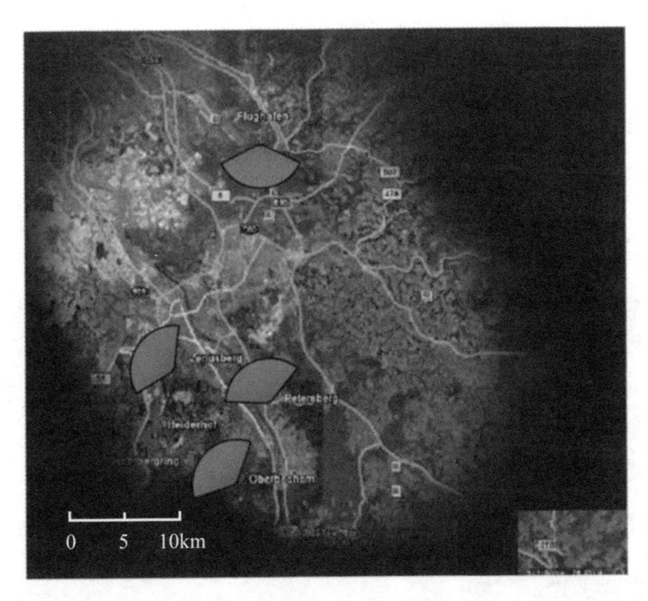

图 9.5　德国弗劳恩霍夫通信、信息处理与人机工程学研究所的无源雷达系统利用 GSM 照射源的覆盖范围(上面叠加了累积探测概率 P_D,图中显示了 7 个基站中的 4 个基站及其 120°照射扇区[11])

使用 5G 发射信号的无源雷达系统还处于起步阶段,据了解,有多个团队正致力于该主题的研究。可以预期,这类系统都将是近距应用,但具有相对较高的距离分辨率,并与这种信号的高带宽相称。

9.5　地面数字电视和数字音频广播

近年来,人们开始利用数字发射信号,这是一个很大的转变。背后的一部分驱动因素是可用性,尤其是未来的可用性,另一部分驱动因素则与波形有关,因为数字波形的模糊函数图特性更为有利(见第 3 章)。此外,更多的工业界和研究实验室也参与进来,标志着该技术渐趋成熟,且具有真正的商业潜力。目前分配给雷达的频谱段正承受着压力,这很有可能促使人们持续开发利用数字波形的无源雷达。但应当记住,在模拟信号和数字信号之间并非只能二选一,两者都很容易利用,并且在一定程度上具有互补性。

将数字无线电和电视发射信号用于无源雷达的第一份文献由波林(Poullin)发表[12],3.3 节描述了这些信号的波形特性,以及它们所采用的正交频分复用(OFDM)调制技术。

澳大利亚开展的研究也卓有成效,在大型项目“机会照射源”(IOO)中对数字发射信号的使用进行了开创性研究。虽然研究文献有很多,显示出在该领域有深厚的积累,但工作仍主要局限于研究和开发,尚未朝生产型系统的方向发展。

亨索尔特公司的前身为空客防务及航天公司,再之前名为凯希典公司。该公司工程师开发的 TwInvis 系统是新一代无源雷达的一个例子,如图 9.6 所示[13-14]。该系统采用 VHF 调频无线电、DAB 和 DVB-T 作为组合照射源,并被作者描述为“准生产型多频段移动无源雷达系统”。

图 9.6　新一代无源雷达系统示例
从左上角按顺时针方向分别为:“伽马”(德国 FKIE 研究所)、
“国土警戒者”(法国泰雷兹集团)、AULOS(意大利莱奥纳多公司)、
“阿里姆”(伊朗)、TwInvis(德国亨索尔特公司)和“沉默卫士”(捷克 ERA 公司)

图 9.7 描绘了亨索尔特公司开发的多频段无源雷达系统的体系架构，展示了覆盖 3 个频段的接收机及其融合和跟踪处理。该系统获得的结果来自 2013 年春的实验，该实验使用了 8 个调频照射源、5 个 DAB 照射源和 3 个 DVB－T 照射源，以及 1 个合作目标，目标以转圈的方式飞行，每圈飞行高度不等，目标位置的跟踪精度达到了 30m。

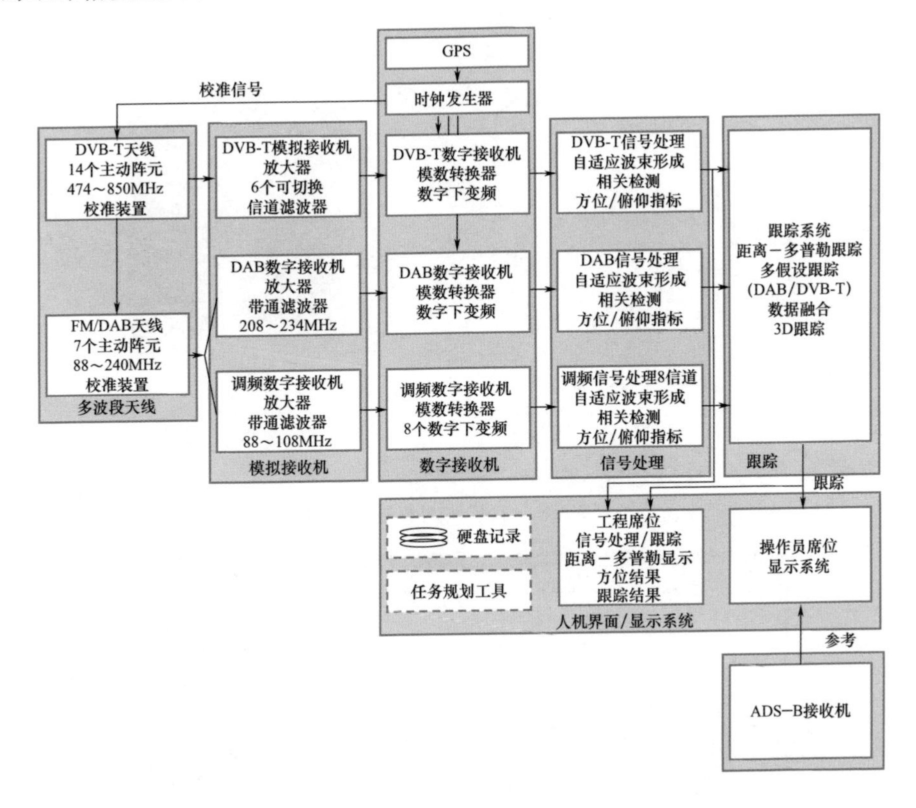

图 9.7 亨索尔特公司开发的多频段无源雷达系统的处理体系架构[14]

文献[15－18]提到，在德国大部分地区用 TwInvis 系统实现了实时监测和跟踪。图 9.8(a)所示为系统跟踪 2 架 EF2000“台风”战斗机进行格斗机动的情况，图 9.8(b)所示为系统对一架滑翔机在上升暖气流中盘旋以获得高度的情况进行跟踪，这两种情况对跟踪的要求都比较高。

前面已提到，一些国家的公司正在生产商用无源雷达系统。澳大利亚于 2017 年成立了一家名为 Silentium 的中小型企业，由詹姆斯·帕尔默(James Palmer)博士担任首席执行官，这一举措大大推动了澳大利亚商用无源雷达系统的生产。在不到 5 年的时间里，该公司已发展到拥有 45 名员工，签订了数千万美元的合同，为澳大利亚国防部队和澳大利亚航天局提供支持。其代表产品为

MAVERICK－S 无源雷达系统，该系统使用调频无线电发射信号作为照射源，用于在太空领域感知、检测和跟踪卫星以及太空碎片[19]。图 9.9 所示为位于阿德莱德市北部布朗洛(Brownlow)的 L 形天线阵列。阵列的每条“臂”目前有 64 个阵元，但到 2022 年末阵元总数将增加到 1000 个以上。L 形阵列可以确定入射回波的方位、距离、速度和俯仰角，就搜索范围而言支持整片天空的搜索。

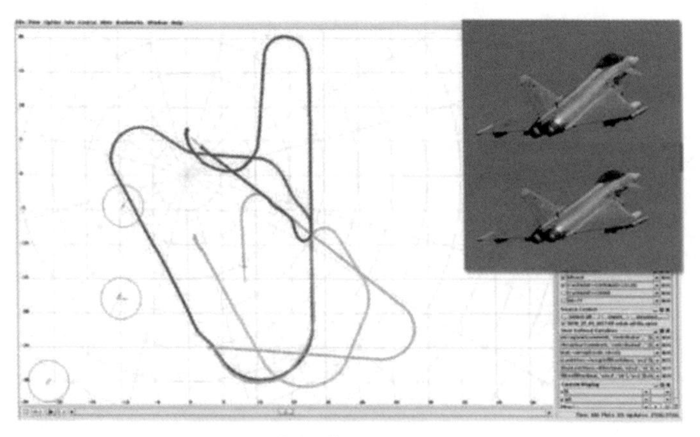

(a) 跟踪2架“台风”战斗机进行格斗机动

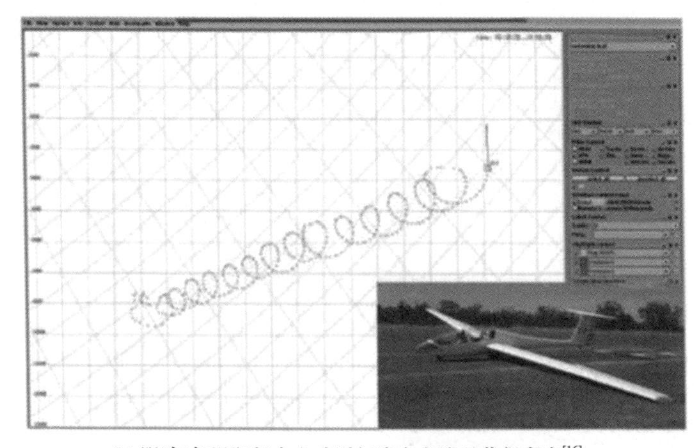

(b) 跟踪1架滑翔机在上升暖气流中盘旋以获得高度[16]

图 9.8　TwInvis 跟踪示例

俄罗斯、伊朗和以色列等国正在积极发展无源雷达技术，这些国家的研究人员关于无源雷达的学术著作频繁出现在期刊和会议论文集中[20－25]。至于有哪些系统已投入使用，相关信息可从各类防务分析网站上找到，但这些信息不一定完全可靠。

图 9.9　MAVERICK – S：折叠的偶极子阵元位于反射地平面上方，形成 L 形阵列（Silentium 公司供图）

据报道，中国开发了一型无源雷达系统 DWL002，可能在 VHF 频段工作。前几章已提到，如果可以利用高功率发射机，则双基检测距离可超过 500km。选择使用 VHF 很可能是为了应对隐身技术，再加上与双基形成较大的夹角，得到的系统灵敏度就可能比使用常规微波频率的单基系统更高。图 9.10 所示为安装于伸缩杆上的一台接收机。

图 9.10　国产 DWL002 无源雷达系统

据报道,伊朗的“阿里姆”系统(图9.6)于2011年首次出现在伊朗武装部队的阅兵式中。据称,该系统的最大作用距离在250~300km,能够相对容易地检测到低空慢速飞行目标[26]。其工作频段同样为VHF,表明它具有反隐身能力。

事实上,军用无源雷达系统进行秘密研制,这不足为奇。无源雷达的一个特点是它与更传统的发射机定位技术密切相关,发射机定位根本不能看作雷达,只能看作监听发射信号。不难想象,发射机定位能够直接利用信号,无源雷达能够间接利用信号,有力表明这两种技术可以组合使用。无源雷达的网络覆盖范围广,且具有作为反隐身技术的潜力,因此很容易理解世界上多个国家在这个研究领域动作频频。

9.6 移动平台上的无源雷达

到目前为止,大多数无源雷达研究都使用固定的地面接收机。然而,如第8章所述,机载接收机也是人们关注的研究方向之一,或许可以支持地面动目标指示(GMTI)、合成孔径雷达(SAR)和逆合成孔径雷达(ISAR)等模式,甚至是无源双基机载预警(AEW)模式。在实际应用中,隐身飞机不会轻易使用有源雷达,因为有源雷达会发射信号,暴露其存在,因此采用双基方式,包括无源双基雷达,就变得非常有吸引力。

机载无源雷达实验首次被提及是在1996年[27],而最新的这类实验是利用多个VHF调频照射源和一台简单的多信道接收机[28-29]。天线用胶带粘贴在飞机窗户内侧,利用收集到的数据可以绘制出多台发射机和多个目标的等距椭圆,并通过实测多普勒和已知的接收机载机速度推导出目标速度矢量。利用这个信息,就可以解决不同等距椭圆带来的模糊问题(见7.3节和图7.6)。

这里有一个重要因素,即照射源的垂直面覆盖范围,特别是针对近距机载目标的覆盖范围,这种影响在3.4节中讨论过。

波兰华沙工业大学的库利帕(Kulpa)等进行了类似的实验,并对机载无源雷达对地面固定目标、地面移动目标和机载移动目标的效用进行了有预见性的评估[30]。他们的第一次实验使用了车载无源接收机,该接收机可对接收的信号的某些特征进行观测和量化,如杂波的多普勒扩展。下一阶段的研究使用了安装于“空中卡车”(skytruck)运输机上的接收机(图9.11),他们将接收系统称为无源雷达演示样机(PaRaDe)。

图9.11 华沙工业大学用于机载无源雷达实验的“空中卡车”运输机
（左下角小图所示为用胶带粘贴在窗户内侧的天线[30]）

机载无源雷达的另一个例子是层析成像，使用一台 DVB - T 发射机和一台机载接收机，其中载机按螺旋航路飞行（图9.12），以便对目标场景进行三维成像[31-33]。这架飞机是一架塞斯纳170型飞机，接收机系统使用埃特斯（Ettus）公司的2个N200软件定义无线电单元作为信号通道、参考（直达波）通道和GPS。目标场景是农村地区，包括一些建筑物和一个粮仓（图9.13）。

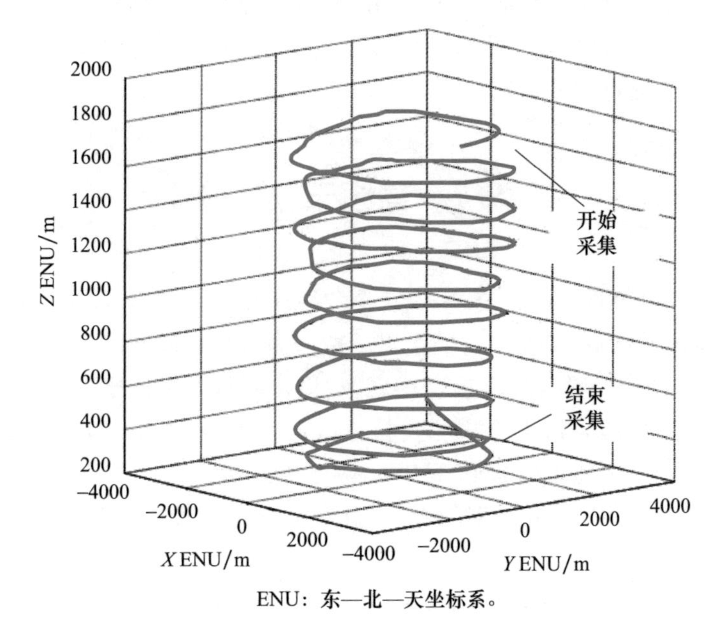

图9.12 机载无源雷达层析成像（飞行中的收集孔径持续2550s[32-33]，半径一般为2km）

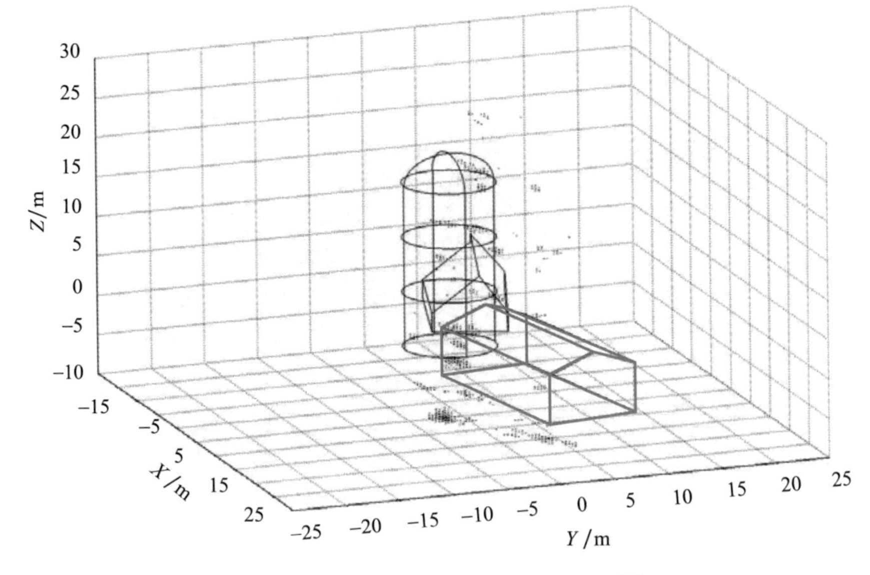

图9.13　叠加建筑物的三维层析图像[33]

用于重建三维图像的层析处理技术在文献[31,33]中有过描述。据报道，法国机载无源雷达系统的首次飞行是于2015年10月在法国东南部的萨隆空军基地进行，这是法国航空学院研究中心（CReA）、法国国家航空航天研究中心（ONERA）和桑德拉联合实验室（SONDRA）之间合作的一部分。

这些实验仅仅开始接触机载无源雷达的表面，未来的研究或许会深入地面动目标指示、空时自适应处理和其他能力。

9.7　高频天波传输

还有一类照射源是由高频（HF）频段（2～30MHz）的信号提供，通过电离层反射可传播到1000km甚至更远的距离。这类照射源可能是以广播发射信号的形式存在，例如BBC全球服务或美国之音；也可能是以高频超视距（OTH）雷达的形式存在，例如澳大利亚的“金达利”作战雷达网络（JORN）系统。这种信号的带宽相对较窄，因此雷达的距离分辨率相当低，而且由于频率较低，即使是大型天线阵列，其波束宽度也相对较宽，因此在如此远的距离，其方位分辨率也同样很低。

天波的传播取决于电离层内各个分层的反射特性，而电离层的反射特性是不断变化的，这取决于一天中的时间、一年中的时间以及太阳黑子周期状态，因为白昼时大气中的分子在太阳辐射影响下会相互分离，到了夜间则又重新组合。反射射频信号的是自由电子，而发生反射的最大频率取决于自由电子的密度[34]。

这种无源雷达适用于飞机或导弹目标的检测，所用的发射机要离得远，而接收机要位于目标场景附近[35]。莱斯蒂吉（Lesturgie）和波林（Poullin）发表了一些实验结果，实验使用了乌克兰基辅的一台非合作高频广播发射机和距法国西海岸约 3000km 处的一台舰载接收机，实验证明该雷达可以检测到 200km 远处的飞机目标[36]。这个系统叫作 Nostramarine，其概念如图 9.14 所示。

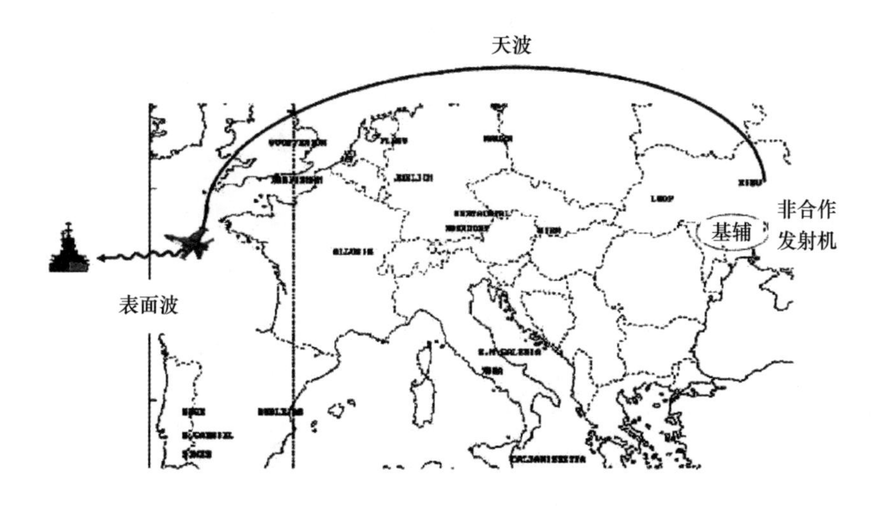

图 9.14　Nostramarine 系统的概念使用了一台非合作高频广播发射机和一台舰载接收机[36]

如 3.2 节所述，数字广播（DRM）等数字调制格式可实现的性能优于模拟信号，因为模糊函数既不会随时间变化，也不依赖瞬时调制[37-39]。

9.8　室内/Wi-Fi

第 3 章中描述了 IEEE 的 2 个调制格式标准，即 802.11 Wi-Fi 和 802.16 WiMAX 信号。IEEE802.11 Wi-Fi 标准已被证明适用于室内场景，比如入侵者检测和监控等应用。最早的一次演示（图 9.15）中采用了一种双接收机配置，其中一台接收机用于接收直达（参考）波，另一台接收机用于接收目标回波。距离分辨率（$c/2B$ 约为 25m）不足以分辨目标距离，但人类目标沿过道走动时的多普勒频移回波是很容易检测到的[40-42]。

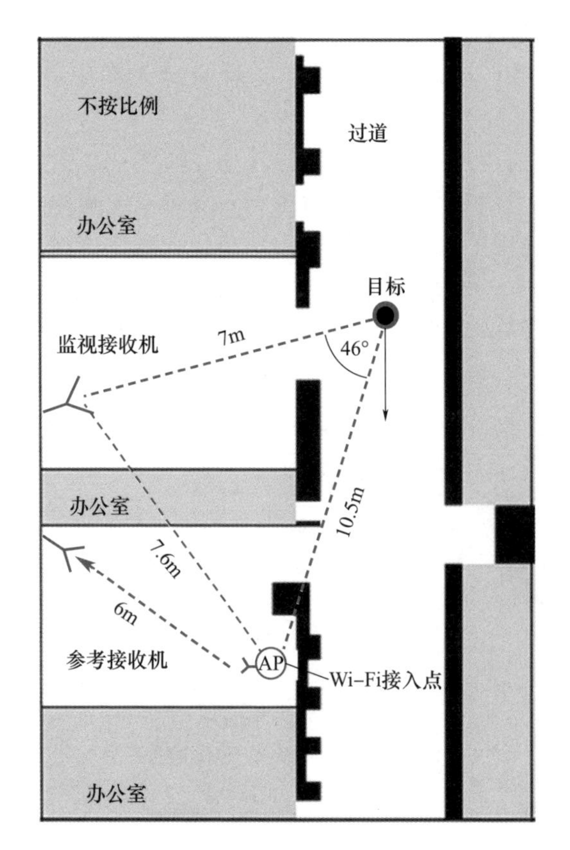

图 9.15　室内密集杂波 Wi－Fi 雷达实验布置示意图[40]

在欧盟资助的“机场危险物有源/无源传感器阵列检测及跟踪”（ATOM）计划中，对基于 Wi－Fi 的无源雷达是否可作为机场安全传感器的问题进行了研究[43]。后经证实，同样的技术也可用于小型私人机场，作为提供低成本近距监测的一种手段[44]，表明可以在有效范围内检测和跟踪小型飞机、滑翔伞以及人类目标。

基于 Wi－Fi 的无源雷达还有一些其他的发展方向，如支持对入侵者或人质的穿墙检测[45]。与传统的穿墙雷达相比，在房间内使用 Wi－Fi 接入点意味着目标回波仅在穿墙时受到单向传播损耗的影响。第 10 章中还会讨论另一种用途，即老年人护理/辅助生活监测，当某人跌倒或遇到困难时，其雷达回波可能与正常行走的人类不同[39]。在这种情况下使用雷达，而不是视频监控，在尊重个人隐私方面更具优势，更多内容详情见第 10 章。

如第 3 章所述，802.16 WiMAX 标准具有较高的发射功率，因此可以提供的覆盖范围比 IEEE 802.11 Wi－Fi 发射信号更广，其模糊函数也更有利[46－48]。韦伯斯特（Webster）等在华盛顿的海军研究实验室，利用来自 2 个 WiMAX 发射塔的信号进行了实验，2 个发射塔分别位于接收站的西北和东南，距离接收站各约 3km(图 9.16)。表 9.2 列出了主要参数和数值[48-49]。

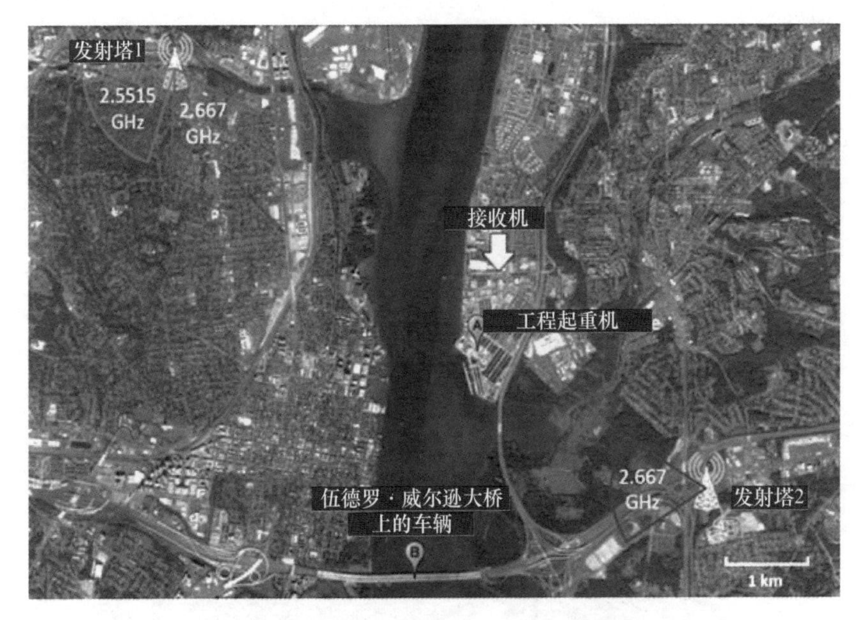

图 9.16　WiMAX 无源雷达实验的几何布局
(从中可以看出发射塔、接收机和目标的位置[48])

表 9.2　WiMAX 实验参数和数值[48]

参数	符号	数值
发射功率	P_{T}	10dBW
发射天线增益	G_{T}	17.5dBi
接收天线增益	G_{R}	24dBi
处理增益	G_{P}	61.76dB
波长平方	(λ^2)dB	-18.98dB/m^2
目标双基 RCS	σ_{B}	10dB/m^2
噪声功率	P_{N}	-127.98dBW

利用这种布局，他们成功验证了 WiMAX 无源雷达能够可靠检测到在波多马克河西岸的华盛顿里根国家机场起飞和降落的飞机，以及在南部伍德罗・威尔逊大桥上的车辆。

图 9.17 以距离-多普勒图的形式展示了检测结果。文献[49]的第 2 部分说明了如何利用多组双基收发对进行检测，并采用多基速度后向投影技术来定

位目标。实现方式是通过将多基系统中每个双基收发对的时延数据和多普勒频移数据转换成通用的参考帧来聚焦检测,以此构建一个六维的数据立方体(位置和速度)。

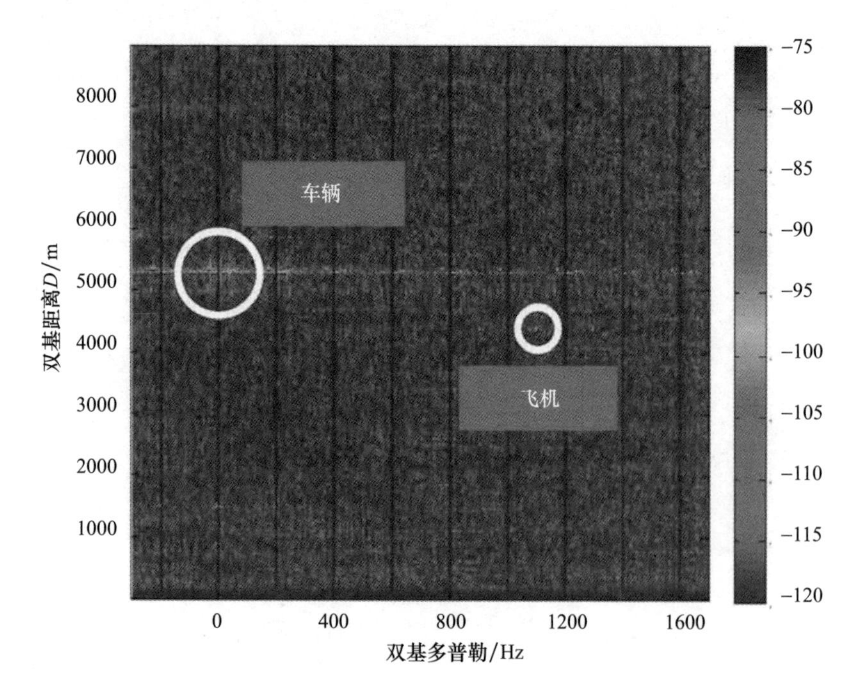

图9.17 距离-多普勒图(从中可以看出车辆和飞机目标的检测情况[48])

该研究表明,WiMAX信号适用于约10km距离内的无源雷达监视和监测,这种量级或许适于对重要资产进行周边监视或保护。

9.9 星载照射源

9.9.1 基于GPS和正向散射的早期实验

1995年,科赫(Koch)和韦斯特法尔(Westphal)就发表了利用GPS卫星的照射来检测各种空中目标的结果,并利用正向散射的几何关系(见2.3节)来增强目标RCS。使用相对较长的积分时间(约1s)来提供较大的积分增益(60~70dB)。他们在文献[50-51]中称检测到了各种空中目标,包括民机和军机、和平号空间站、反坦克导弹和飞艇。从这些结果来看似乎前景不错,但至少在公开的文献中,似乎并没有多少后续研究。

9.9.2 地球同步卫星

20 世纪 90 年代初,对在双基雷达中使用地球同步卫星配置和卫星电视信号的情况进行了研究和论证[52]。地球表面目标的信号功率密度相对较低(卫星直播电视约为 $-107\mathrm{dBW/m^2}$,见表 3.1),所以除非目标到接收机的距离较短,否则都需要很大的积分增益才能使目标回波被检测到。这种布局最适合固定目标场景,因为这种场景允许的积分时间较长。

9.9.3 双基 SAR

20 世纪 70 年代末,第一部星载遥感 SAR 面世之后不久,人们就认识到这种信号应该用于双基 SAR。从 20 世纪 80 年代中期开始,美国国防预先研究计划局(DARPA)的 COVIN REST 项目使用机载接收机和航天飞机携带的 SIR－C L 波段 SAR 信号演示了双基成像,图像分辨率可达约 20m,但这项研究及其结果多年以来一直处于保密状态[53]。而在公开文献中首次报道的可能是在欧洲航天局 ERS－1 卫星下方飞行的机载接收机的实验结果,其中展示了美国俄克拉荷马市机场的图像。

后期的许多实验都使用固定的地面接收机[55]。稍作思考即可明白,由于这种系统中的回波多普勒变化历程仅取决于发射机和目标之间的单向距离变化(以及相应的相位变化)(相比之下,常规单基 SAR 则取决于双向距离变化),因此这种类型的双基 SAR 的方位分辨率等于照射天线的长度,而不像单基条带模式 SAR 的方位分辨率等于天线长度的一半。

英国伯明翰大学的切尔尼亚科夫(Cherniakov)为这类系统发明了“太空－地面双基 SAR”(SS－BSAR)一词,并展示了多种不同照射源、不同布局的实验结果[56-58]。

图 9.18 所示为比利时布鲁塞尔地区的一幅双基 SAR 图像,通过使用一台固定的地面接收机,由欧洲航天局的 ENVISAT 卫星携带的 ASAR 合成孔径雷达进行照射,于 2016 年 2 月 15 日获得该图像[59-60]。

9.9.4 双基 ISAR

目标运动同样可以用于合成孔径成像,给出 ISAR 图像[61]。2015 年,意大利比萨大学的马尔托雷拉(Martorella)主持了北约的一系列试验,旨在从海上目标收集无源雷达数据。实验使用了一系列不同的照射源,包括地球同步卫星发射机、地面 DVB－T 发射机和 Wi－Fi 信号[62-65]。ISAR 成像原理是利用目标的俯仰或滚转运动。

(a) 相应光学图像

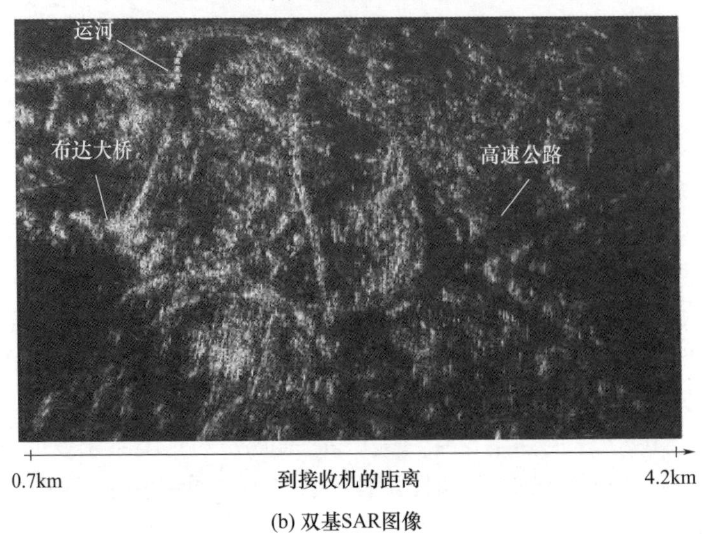

(b) 双基SAR图像

图 9.18　布鲁塞尔军事医院旧址以东区域的相应光学图像和双基 SAR 图像[59]

马尔托雷拉和朱斯蒂（Giusti）[66]提供了关于无源双基 ISAR 成像技术的完整数学描述，论证时使用的是 DVB－T 照射（3 个相邻信道），发射机位于内陆约 30km 处的山丘上，接收机位于意大利利沃诺海军学院的海岸上。该信号处理本质上是距离－多普勒空间成像，并采用自聚焦来补偿运动误差。图 9.19（a）所示为目标，包括距接收机约 10km 处的大型船只；图 9.19（b）所示为聚焦后的右侧船只图像。

9.9.5　本节小结

使用星载照射源的双基雷达具有一定的吸引力，因为它能够用相对简单的接收机硬件生成高分辨率的 SAR 图像。与传统的天基雷达不同,这类雷达的数据刚到达接收机即可使用(低时延)。然而,近地轨道卫星的一个显著缺点是目标场景的照射时间很短(仅几秒),而重复频率等于轨道重复间隔,也就是说通常需要几天。

(a) 机会船只目标

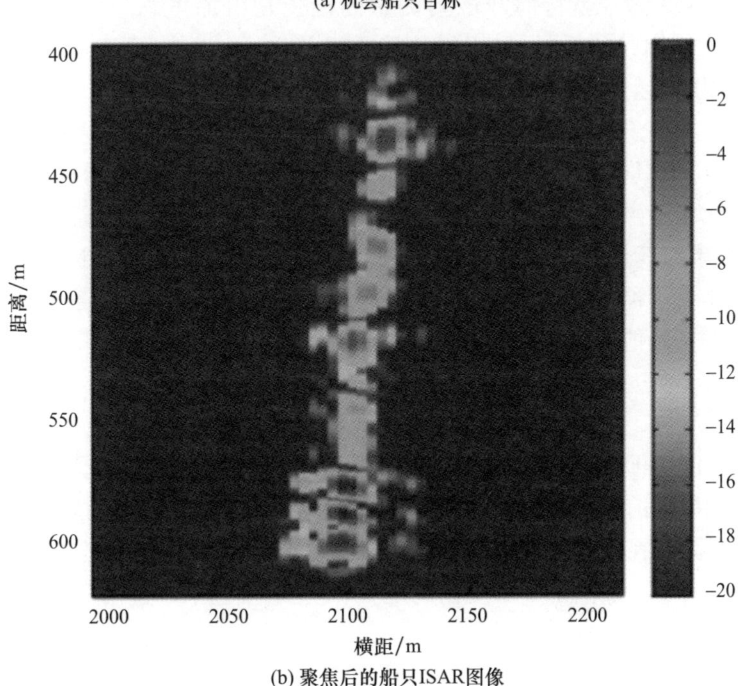

(b) 聚焦后的船只ISAR图像

图 9.19　机会船只目标和聚焦后的右侧船只 ISAR 图像(马尔托雷拉供图)

9.10 低成本科学遥感技术

文献[67]中提出了无源雷达的另一个小众用途,即低成本科学遥感。这充分利用了无源雷达的两个特征:一是照射源往往功率较高;二是其所在位置通常可提供较广的覆盖范围。许多照射源的信号带宽相对较窄,不过这往往不是问题,因为许多遥感应用都不需要多高的空间分辨率和成像技术。而且,通过恰当地选择合适的双基几何关系,可找到一个最佳区域,在该区域内,雷达回波和遥感量之间的关系是单调变化的,并且延伸到一个较宽的动态范围。最有名的无源雷达遥感实例可能就是 MRR,这已在 9.3 节中描述过,除此之外还有其他几个很好的例子。

9.10.1 基于 GNSS 信号的海洋散射测量

散射计是一种测量海面风速的雷达,它通过后向散射系数和吹过海面的风速之间的关系进行测量。从本质上讲,风速越高,风引起的海洋表面粗糙度越高,海面作为镜面反射器的特征就越少。

使用 GNSS 信号进行海洋散射测量的设想是由加里森(Garrison)等[68]于 1998 年首次提出,当时他们采用机载接收机获得了一些初始实验测量值,并且认识到海面的散射多径 GPS 信号对传统的 GPS 应用是一种干扰,但这一信号实际上还包含了关于海面粗糙度的有用信息,也因此可以推算出风速(干扰成了有用的信号)。具体而言,就是根据散射信号和本地生成的伪随机噪声(PRN)码之间的互相关函数宽度来测量海面风速。随后的研究[69-71]开展了更详细的实验,将结果与其他卫星遥感数据和来自浮标的海面真实测量值进行比较,证实了该技术作为一种简单、低成本的海洋遥感方法的可行性。在这种情况下,第 3 章列出的来自其他 GNSS 系统的信号同样可用。

9.10.2 地面双基气象雷达

WSR-88DNEXRAD 系统是一个部署在美国全境的地面气象雷达网络,用于提供气象和风暴信息,主要作为对航空监测手段的辅助。沃尔曼(Wurman)[72-73]描述了一种附属在基础网络上的实验型双基接收机,可在恢复后的矢量风场中提高精度和分辨率。根据第 1 章提出的定义,这是一套“搭便车”系统,因为照射源是已有的单基雷达。

这些接收机被称为双基网络接收机(BNR),其设计在保持高性能的同时尽可能简化,尤其是使用了全向缝隙波导天线,避免了扫描天线和脉冲追赶的复杂性和高成本。其中,有两个具体问题需要重视:一是通过发射天线旁瓣反射的虚假回波;二是发射 - 接收同步问题,可以通过 GPS 实现。

双基网络接收机共生产了 9 台,并部署于美国、加拿大、英国、德国和日本,用于研究、测试和实际应用。这项研究表明,可通过增加无源接收机来提升常规单基雷达的性能,这是一种相对简单且经济有效的方式。

9.10.3　行星雷达遥感

双基雷达方程中的 $1/(R_T^2R_R^2)$ 因子意味着,如果能将发射机或接收机二者之一布置于待观测行星附近,那么在行星雷达遥感中使用双基方式就会具有显著优势,这一点在很多年前就已得到了认可。辛普森(Simpson)[74-76] 提出了两种不同的工作模式,如图 9.20 所示。

(1)在上行链路模式中,由地球上的高功率发射机提供照射,接收机由在轨航天器或靠近行星飞行的航天器携带,用于接收和记录从行星表面反射的回波信号,然后回波信息跟随航天器遥测数据流一起返回地球。

(2)在下行链路模式中,由原本已装在航天器上用于远距通信的发射机提供照射,接收天线则位于地面,如 NASA 的深空网络天线,这是一种直径为 70m 的抛物面天线。

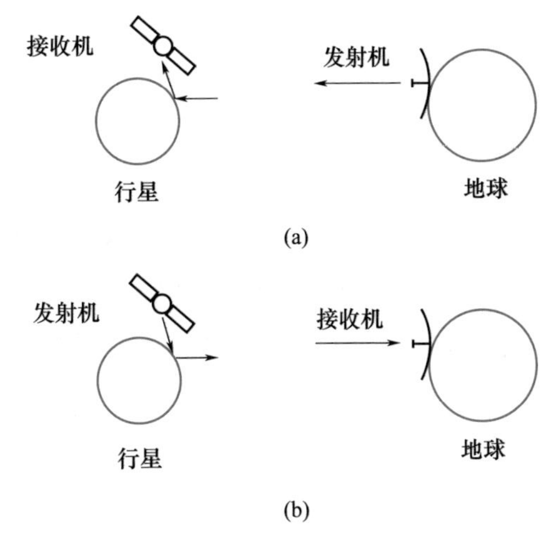

图 9.20　上行链路模式(a)和下行链路模式(b)

表 9.3 总结了在火星、金星、泰坦星和冥王星上使用苏联、美国和欧洲航天局的航天器和地面站进行的此类实验,其中包括第一次成功的上行链路实验,探测到低至 10^{-21} W 的弱回波。其他技术细节、历史详情以及结果示例见文献[68-70]。

表 9.3 行星双基雷达任务和参数[70]

航天器	"火星快车"号探测器	"金星快车"号探测器	"卡西尼"号轨道器	"新视野"号探测器
目标	火星	金星	土卫六	冥王星
时间	2004 年	2006 年	2006 年	2015 年 7 月
模式	下行链路	下行链路	下行链路	上行链路
频段	S、X	S、X	S、X	X
P_T/W	60	5	20	$10^5 \sim 10^6$
G_T/dB	41	26	47	73
R_T/km	10000	7050	10000	4.9×10^9
G_R/dB	74	63	74	41
R_R/km	1.5×10^8	1.5×10^8	1.3×10^9	60000

9.11 小结

本章介绍了来自世界各地的各种无源雷达应用、系统、实验和结果，其简单和低成本的重要特征意味着这一课题非常适合大学团队开展研究，2022 年召开的雷达研讨会包含几场专门探讨无源雷达的分会。然而，在过去的几年里，已经有几家公司研制并演示了其具有商业潜力的系统。很明显，这个课题已经较为成熟，所以本章介绍的系统和结果已不仅仅是学术上的运用，而且能够解决真正的应用问题。

毫无疑问，无源雷达的未来将是激动人心的，第 10 章将从新应用和新技术两个方面来探讨其未来的发展前景。

参考文献

[1] Griffiths, H. D., and N. R. W. Long, "Television - Based Bistatic Radar", *IEE Proc.*, Vol. 133, Pt. F, No. 7, December 1986, pp. 649 - 657.

[2] Howland, P. E., "Target Tracking Using Television - Based Bistatic Radar", *IEE Proc. Radar Sonar and Navigation*, Vol. 146, No. 3, June 1999, pp. 166 - 174.

[3] Nordwall, B. D., "Silent Sentry: A New Type of Radar", *Aviation Week and Space Technology*, Vol. 30, 1998, pp. 70 - 71.

[4] Sahr, J. D., and F. D. Lind, "The Manastash Ridge Radar: A Passive Bistatic Radar for Upper Atmospheric Radio Science", *Radio Science*, Vol. 32, No. 6, 1997, pp. 2345 – 2358.

[5] Sahr, J. D., "Passive Radar Observation of Ionospheric Turbulence", Chapter 10 in *Advances in Bistatic Radar*, N. J. Willis and H. D. Griffiths, (eds.), Raleigh, NC: SciTech Publishing, 2007.

[6] Howland, P. E., D. Maksimiuk, and G. Reitsma, "FM Radio Based Bistatic Radar", *IEE Proc. Radar, Sonar and Navigation*, Vol. 152, No. 3, June 2005, pp. 107 – 115.

[7] Malanowski, M., et al., "Analysis of Detection Range of FM – Based Passive Radar", *IET Radar, Sonar and Navigation*, Vol. 8, No. 2, February 2014, pp. 153 – 159.

[8] https://www.skatelescope.org/the – ska – project.

[9] https://www.peralex.com.

[10] Tan, D. K. P., et al., "Passive Radar Using Global System for Mobile Communication Signal: Theory, Implementation, and Measurements", *IEE Proc. Radar, Sonar and Navigation*, Vol. 152, No. 3, June 2005, pp. 116 – 123.

[11] Nickel, U. R. O., "Extending Range Coverage with GSM Passive Localization by Sensor Fusion", *Proc. International Radar Symposium*, Vilnius, June 14 – 18, 2010.

[12] Poullin, D., "Passive Detection Using Digital Broadcasters (DAB, DVB) with COFDM Modulation", *IEE Proc. Radar, Sonar and Navigation*, Vol. 152, No. 3, June 2005, pp. 143 – 152.

[13] Edrich, M., and Schroeder, A., "Multiband Multistatic Passive Radar System for Airspace Surveillance: A Step Towards Mature PCL Implementations", *Proc. Int. Radar Conference RADAR 2013*, Adelaide, Australia, September 10 – 12, 2013, pp. 218 – 223.

[14] Edrich, M., A. Schroeder, and F. Meyer, "Design and Performance Evaluation of a Mature FM/DAB/DVB – T Multi – Illuminator Passive Radar System", *IET Radar, Sonar and Navigation*, Vol. 8, No. 2, February 2014, pp. 114 – 122.

[15] Lutz, S., et al., "Multi Static Long Range Multi Band 3D Passive Radar—Latest Developments at Hensoldt Sensors", *19th International Radar Symposium (IRS)*, Bonn, June 20 – 22, 2018.

[16] Winkler, V., et al., "Multistatic Multiband Passive Radar – Architecture and Sensor Cluster Results", *IEEE Radar Conference 2019*, Boston, MA, April 22 – 26, 2019.

[17] Edrich, M., S. Lutz, and F. Hoffmann, "Passive Radar at Hensoldt: A Review to the Last Decade", *20th International Radar Symposium (IRS)*, Ulm, June 26 – 28, 2019.

[18] Fränken, D., and O. Zeeb, "Real – Time Creation of a Target Situation Picture with the Hensoldt Passive Radar System", *21st International Conference on Information Fusion (FUSION)*, Cambridge, July 10 – 13, 2018.

[19] https://www.silentiumdefence.com.au/.

[20] Sebt, M. A., et al., "OFDM Radar Signal Design with Optimized Ambiguity Function", *IEEE Radar Conference 2008*, Rome, Italy, May 26 – 29, 2008.

[21] Zaimbashi, A., M. Derakhtian, and A. Sheikhi, "GLRT – Based CFAR Detection in Passive

Bistatic Radar", *IEEE Transactions on Aerospace and Electronic Systems*, Vol. 49, No. 1, January 2013, pp. 134 – 159.

[22] Zaimbashi, A., M. Derakhtian, and A. Sheikhi, "Invariant Target Detection in Multiband FM – Based Passive Bistatic Radar", *IEEE Transactions on Aerospace and Electronic Systems*, Vol. 50, No. 1, January 2014, pp. 720 – 736.

[23] You, J., et al., "Experimental Study of Polarisation Technique on Multi – FM Based Passive Radar", *IET Radar, Sonar and Navigation*, Vol. 9, No. 7, July 2015, pp. 763 – 771.

[24] Yi, J., et al., "Deghosting For Target Tracking in Single Frequency Network Based Passive Radar", *IEEE Transactions on Aerospace and Electronic Systems*, Vol. 51, No. 4, October 2015, pp. 2655 – 2668.

[25] Yi, J., et al., "Noncooperative Registration for Multistatic Passive Radars", *IEEE Trans. Aerospace and Electronic Systems*, Vol. 52, No. 2, April 2016, pp. 563 – 575.

[26] https://en.wikipedia.org/wiki/Alim_radar_system.

[27] Ogrodnik, R. F., "Bistatic Laptop Radar: An Affordable, Silent Radar Alternative", *IEEE Radar Conference*, Ann Arbor, MI, May 13 – 16, 1996, pp. 369 – 373.

[28] Brown, J., et al., "Air Target Detection Using Airborne Passive Bistatic Radar", *Electronics Letters*, Vol. 46, No. 20, September 30, 2010, pp. 1396 – 1397.

[29] Brown, J., et al., "Passive Bistatic Radar Location Experiments from an Airborne Platform", *IEEE AES Magazine*, Vol. 27, No. 11, November 2012, pp. 50 – 55.

[30] Kulpa, K., et al., "The Concept of Airborne Passive Radar", *Microwaves, Radar and Remote Sensing Symposium*, Kiev, Ukraine, August 25 – 27, 2011, pp. 267 – 270.

[31] Sego, D., H. D. Griffiths, and M. C. Wicks, "Waveform and Aperture Design for Low Frequency RF Tomography", *IET Radar, Sonar and Navigation*, Vol. 5, No. 6, July 2011, pp. 686 – 696.

[32] Sego, D., and H. D. Griffiths, "Tomography Using Digital Broadcast TV—Flight Test and Interim Results", *IEEE Radar Conference 2016*, Philadelphia, PA, May 2 – 6, 2016, pp. 557 – 562.

[33] Sego, D., "Three – Dimensional Bistatic Tomography Using HDTV", Ph. D. thesis, University College London, September 2016.

[34] Headrick, J. M., and J. F. Thomason, "Applications of High – Frequency Radar", *Radio Science*, Vol. 33, No. 4, July – August 1998, pp. 1045 – 1054.

[35] Lyon, E., "Missile Attack Warning", Chapter 4 in *Advances in Bistatic Radar*, N. J. Willis and H. D. Griffiths, (eds.), Raleigh, NC: SciTech Publishing, 2007.

[36] Lesturgie, M., and D. Poullin, "Frequency Allocation in Radar: Solutions and Compromise for Low Frequency Band", *SEE Int. Radar Conference RADAR 99*, Paris, France, May 18 – 20, 1999.

[37] Thomas, J. M., H. D. Griffiths, and C. J. Baker, "Ambiguity Function Analysis of Digital Radio Mondiale Signals for HF Passive Bistatic Radar", *Electronics Letters*, Vol. 42, No. 25, December 7, 2006, pp. 1482 – 1483.

[38] Thomas, J. M., C. J. Baker, and H. D. Griffiths, "DRM Signals for HF Passive Bistatic

Radar", *IET Int. Radar Conference RADAR 2007*, Edinburgh, October 15 – 18, 2007.

[39] Thomas, J. M., C. J. Baker, and H. D. Griffiths, "HF Passive Bistatic Radar Potential and Applications for Remote Sensing", *New Trends for Environmental Monitoring Using Passive Systems*, Hyères, France, October 14 – 17, 2008.

[40] Guo, H., et al., "Passive Radar Detection Using Wireless Networks", *IET Int. Radar Conference RADAR 2007*, Edinburgh, September 15 – 18, 2007.

[41] Chetty, K., et al., "Target Detection in High Clutter Using Passive Bistatic Wi – Fi Radar", *IEEE Radar Conference*, Pasadena, CA, May 4 – 8, 2009.

[42] Colone, F., et al., "Ambiguity Function Analysis of Wireless LAN Transmissions for Passive Radar", *IEEE Transactions on Aerospace and Electronic Systems*, Vol. 47, No. 1, January 2011, pp. 240 – 264.

[43] Falcone, P., et al., "Active and Passive Radar Sensors for Airport Security", *2012 Tyrrhenian Workshop on Advances in Radar and Remote Sensing (TyWRRS)*, September 12 – 14, 2012.

[44] Martelli, T., et al., "Short – Range Passive Radar for Small Private Airports Surveillance", *EuRAD Conference 2016*, London, October 6 – 7, 2016.

[45] Ahmed, F., R. Narayanan, and D. Schreurs, "Application of Radar to Remote Patient Monitoring and Eldercare", *IET Radar, Sonar and Navigation*, Vol. 9, No. 2, February 2015, p. 115.

[46] Wang, Q., Y. Lu, and C. Hou, "Evaluation of WiMAX Transmission for Passive Radar Applications", *Microwave and Optical Technology Letters*, Vol. 52, No. 7, 2010, pp. 1507 – 1509.

[47] Chetty, K., et al., "Passive Bistatic WiMAX Radar for Marine Surveillance," *IEEE Int. Radar Conference RADAR 2010*, Arlington, VA, May 10 – 14, 2010.

[48] Higgins, T., T. Webster, and E. L. Mokole, "Passive Multistatic Radar Experiment Using WiMAX Signals of Opportunity. Part 1: Signal Processing", *IET Radar, Sonar and Navigation*, Vol. 10, No. 2, February 2016, pp. 238 – 247.

[49] Webster, T., T. Higgins, and E. L. Mokole, "Passive Multistatic Radar Experiment Using WiMAX Signals of Opportunity. Part 2: Multistatic Velocity Backprojection", *IET Radar, Sonar and Navigation*, Vol. 10, No. 2, February 2016, pp. 238 – 255.

[50] Koch, V., and R. Westphal, "A New Approach to a Multistatic Passive Radar Sensor for Air Defense", *IEEE Int. Radar Conference RADAR 95*, Arlington, VA, May 8 – 11, 1995, pp. 22 – 28.

[51] Koch, V., and R. Westphal, "New Approach to a Multistatic Passive Radar Sensor for Air/Space Defense", *IEEE AES Magazine*, Vol. 10, No. 11, November 1995, pp. 24 – 32.

[52] Griffiths, H. D., et al., "Bistatic Radar Using Satellite – Borne Illuminators of Opportunity", *Proc. RADAR – 92 Conference*, Brighton, IEE Conf. Publ. No. 365, October 12 – 13, 1992, pp. 276 – 279.

[53] Rigling, B. D., "Spotlight Synthetic Aperture Radar", Chapter 10 in *Advances in Bistatic Radar*, N. J. Willis and H. D. Griffiths, (eds.), Raleigh, NC: SciTech Publishing, 2007.

[54] Martinsek, D., and R. Goldstein, "Bistatic Radar Experiment", *Proc. EUSAR'98*, *European*

Conference on Synthetic Aperture Radar, Berlin, Germany, 1998, pp. 31 – 34.

[55] Whitewood, A. , C. J. Baker, and H. D. Griffiths, "Bistatic Radar Using a Spaceborne Illuminator", *IET Int. Radar Conference RADAR 2007*, Edinburgh, October 15 – 18, 2007.

[56] He, X. , M. Cherniakov, and T. Zeng, "Signal Detectability in SS – BSAR with GNSS Non – Cooperative Transmitters", *IEE Proc. Radar, Sonar and Navigation*, Vol. 152, No. 3, June 2005, pp. 124 – 132.

[57] Cherniakov, M. , et al. , "Space – Surface Bistatic Synthetic Aperture Radar with Global Navigation Satellite System Transmitter of Opportunity—Experimental Results", *IET Radar, Sonar and Navigation*, Vol. 1, No. 6, December 2007, pp. 447 – 458.

[58] Antoniou, M. , R. Zuo, and M. Cherniakov, "Passive Space – Surface Bistatic SAR Imaging", *7th EMRS DTC Technical Conference*, Edinburgh, July 13 – 14, 2010.

[59] Kubica, V. , "Opportunistic Radar Imaging Using a Multichannel Receiver", Ph. D. thesis, University College London, March 2016.

[60] Kubica, V. , X. Neyt, and H. D. Griffiths, "Along – Track Resolution Enhancement for Bistatic Imaging in Burst – Mode Operation," *IEEE Transactions on Aerospace and Electronic Systems*, Vol. 52, No. 4, August 2016, pp. 1568 – 1575.

[61] Chen, V. C. , and M. Martorella, *Inverse Synthetic Aperture Radar Imaging: Principles, Algorithms and Applications*, Stevenage, U. K. : IET, 2014.

[62] Colone, F. , et al. , "Wi – Fi – Based Passive ISAR for High – Resolution Cross – Range Profiling of Moving Targets", *IEEE Transactions on Geoscience and Remote Sensing*, Vol. 52, No. 6, June 2014, pp. 3486 – 3501.

[63] Olivadese, D. , et al. , "Passive ISAR Imaging of Ships Using DBV – T Signals", *IET Int. Radar Conference 2012*, Glasgow, U. K. , October 2012, pp. 64 – 68.

[64] Turin, F. , and D. Pastina, "Multistatic Passive ISAR Based on Geostationary Satellites For Coastal Surveillance", *2013 IEEE Radar Conference*, Ottawa, Canada, April 30 – May 2, 2013.

[65] Pastina, D. , M. Sedehi, and D. Cristallini, "Passive Bistatic ISAR Based on Geostationary Satellites for Coastal Surveillance", *IEEE Int. Radar Conference 2010*, Arlington, VA, May 2010, pp. 865 – 870.

[66] Martorella, M. , and E. Giusti, "Theoretical Foundation of Passive ISAR Imaging", *IEEE Transactions on Aerospace and Electronic Systems*, Vol. 50, No. 3, July 2014, pp. 1701 – 1714.

[67] Willis, N. J. , and H. D. Griffiths, (eds.), *Advances in Bistatic Radar*, Raleigh, NC: SciTech Publishing, 2007.

[68] Garrison, J. L. , S. J. Katzberg, and M. I. Hill, "Effect of Sea Roughness on Bistatically Scattered Range Coded Signals from the Global Positioning System", *Geophys. Res. Lett.* , Vol. 25, No. 13, July 1, 1998, pp. 2257 – 2260.

[69] Garrison, J. L. , et al. , "Wind Speed Measurement Using Forward Scattered GPS Signals", *IEEE Transactions on Geoscience and Remote Sensing*, Vol. 40, No. 1, January 2002, pp. 50 – 65.

[70] Huiazu, Y. , et al. , "Stochastic Voltage Model and Experimental Measurement of Ocean – Scattered GPS Signal Statistics", *IEEE Transactions on Geoscience and Remote Sensing*, Vol. 42, No. 10, October 2004, pp. 2160 – 2169.

[71] Garrison, J. L. , et al. , "Estimation of Sea Surface Roughness Effects in Microwave Radiometric Measurements of Salinity Using Refl ected Global Navigation Satellite System Signals", *IEEE Geoscience and Remote Sensing Letters*, Vol. 8, No. 6, November 2011, pp. 1170 – 1174.

[72] Wurman, J. , "Vector Winds from a Single – Transmitter Bistatic Dual – Doppler Radar Network", *Bulletin of the American Meteorological Society*, Vol. 75, No. 6, June 1994.

[73] Wurman, J. , "Wind Measurements", Chapter 8 in *Advances in Bistatic Radar*, N. J. Willis and H. D. Griffiths, (eds.), Raleigh, NC: SciTech Publishing, 2007.

[74] Tyler, G. L. , and R. A. Simpson, "Bistatic Radar Measurements of Topographic Variations in Lunar Surface Slopes with Explorer 35", *Radio Science*, Vol. 5, 1970, pp. 263 – 271.

[75] Simpson, R. A. , "Spacecraft Studies of Planetary Surfaces Using Bistatic Radar", *IEEE Transactions on Geoscience and Remote Sensing*, Vol. 31, No. 2, March 1993, pp. 465 – 482.

[76] Simpson, R. A. , "Planetary Exploration", Chapter 5 in *Advances in Bistatic Radar*, N. J. Willis and H. D. Griffiths, (eds.), Raleigh, NC: SciTech Publishing, 2007.

第 10 章

未来的发展和应用

10.1　概述

第 9 章广泛地描述了各种应用、系统和结果示例。本章将探讨一些更新颖的、尝试性的应用和课题，以及在未来几十年中该无源雷达领域可能的研究方向。

10.2　频谱问题和共生雷达

10.2.1　频谱问题

所有电磁频谱用户都面临着一个矛盾，就是频谱资源非常有限，但人们对频谱资源的需求却在不断增长。射频频谱可用于多种用途，包括通信、无线电和电视广播、无线电导航以及传感。在通信和广播领域，需要更大的带宽来满足消费者不断增长的对更高数据速率的需求，特别是对于移动设备（如以流媒体视频速率传输到智能手机或平板电脑[1-3]）。

随着民用、安全和军事领域的新应用层出不穷，对于雷达传感的需求将持续增长。例如，民用领域的空中交通预计将在 2030 年翻一番，而随着新型无人空中交通的出现，该数据将再翻一番。为了维持当前的安全标准，就要额外关注合作与非合作传感。雷达带宽越大，距离分辨率越高，并直接关系到传感能力（如用来检测和识别接近的敌对目标）。所有相关方都希望获取更多的频谱，于是这一有限资源的竞争将越来越激烈。

在技术层面，有几种解决办法。其中一种办法是生成频谱更纯净的波形（针对所有类型的发射信号），使得信号之间的间隔更紧密而不会引起干扰，并且现在已经可以实现数字波形生成和对功放阶段引入的误差进行自适应补偿[4]。另一种办法是使用认知无线电技术,该技术根据当前的频谱占用情况动态调整信号处理,包括频率、方向、编码和极化等[1]。最近还开发并成功部署了利用窄带波形的空中监视雷达概念,这一概念采用凝视发射技术,与阵列接收天线一起填充整个视场。这样可以得到更长的积分时间,用窄带波形、高多普勒分辨率达到大带宽波形、高距离分辨率所能实现的效果。

10.2.2　共生雷达

随着频谱问题日益严峻,无源雷达技术也发挥着愈加重要的作用。第 1 章提到的共生雷达概念中,广播或通信波形的调制格式设计不仅满足其主要用途,而且在某种意义上作为雷达信号得到了优化。它存在多种可能性。一种极端情况是波形及其覆盖范围可能是完全合作式的,甚至可以动态变化以优化其作为雷达照射源的性能;另一种极端情况是波形及其覆盖范围的设计对无源雷达应用极为不利。共生雷达属于前一种情况。

虽然有一些学者提出了在雷达信号中嵌入通信或遥测信息的想法[6-8],但该问题的最佳解决方式是采用第 3 章中提到的几种类型的现代数字通信或广播的信号格式,并考虑如何调整信号本身或其在雷达接收机中的处理方式才能得到有利的模糊函数,即具有较高的距离分辨率和多普勒分辨率以及低旁瓣。根据第 3 章的描述,调制格式(特别是 OFDM)本质上类似噪声,但是各种导频信号、前导信号和前缀信号在模糊函数中产生了不利的旁瓣特征。因此,要针对抑制这些特征的手段进行研究。

然而,如文献[9]中所指出的,这种双重用途的原则不仅要涵盖波形,还应扩展到方位和俯仰的覆盖范围。因此,目前可以通过优化沿海无线电或电视发射机的覆盖范围,避免向海洋或地平线以上辐射太多功率。然而,如果要将其同时用作海上或空中监视无源雷达的照射源,那么需要有意地优化这些方向上的辐射。随着频谱问题变得更加尖锐,大家必须合作解决这些问题。

10.3　空中交通管理中的无源雷达

近来,许多航空公司对应用无源雷达来解决空中交通管理的远程监测问题产生了很大兴趣。泰雷兹、英国国家空中交通局(NATS)、马诺尔研究公司(Roke Manor)、亨索尔特和莱昂纳多都在开发相应系统,但截至本书撰写时都还没有实际部署。

这些系统可以统称为多基一次监视雷达(MSPSR)。系统使用的机会发射机主要在 VHF 和 UHF 频段,因此它有一些潜在的优势,就是在恶劣天气条件下的探测距离较远、覆盖范围较大,同时由于发射信号具有连续性,定位更新速率也较快。远距垂直覆盖范围仍然是一个问题,但这一问题可以使用更密集的接收站网络来解决。接收站的布置可以根据给定的监测容量进行调整,因此有助于改善低海拔的覆盖范围。无源雷达的主要优势之一是它不提供发射机,因而降低了整个系统的成本。图 10.1 为多基一次监视雷达概念的示意图。

图 10.1 显示了接收机如何处理每台发射机的信号,之后提取目标数据,并通过一系列技术来估计目标位置。其中一种技术是椭圆交点法,如 7.3.1 节所述,每台发射机对应一个等距椭圆,不同发射机对应的椭圆相交会形成交点。以这种方式提取的图包含了 3 个维度的信息,不仅包括位置信息,还包括通过额外利用多角度多普勒得到的速度信息。这一系统概念能够勘测到更广的区域,因为它是基于多个相互连接的单元经过排列来覆盖整个控制区域的(如进近/航站空域(TMA)或航路上)。

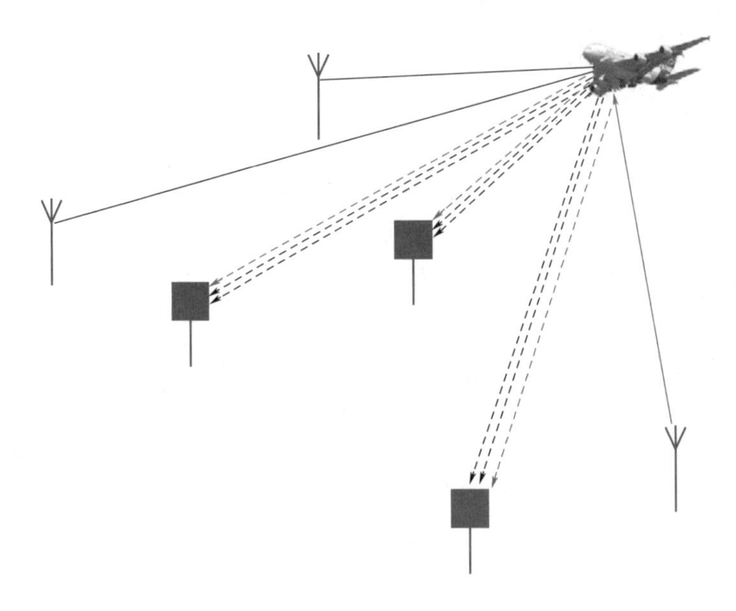

图 10.1 多基一次监视雷达概念的示意图

目前的系统,包括由上述公司开发的系统,一般用来验证无源雷达能否提供民用空域监视。如上文所讨论,这些实验型系统的探测性能十分出色,意味着可以在远距和低空有效探测到飞机。然而,系统的设计参数与目标位置精度等指标是否匹配?是否符合 CAP 670《航空业务安全要求》等规定的要求?对于这些问题却鲜有提及。因此,可以预见,为了满足这些要求,未来用于空中交通管理的无源雷达将从多方面发展。

无源雷达和有源雷达组合使用也是可能的,一些研究文献中对此方法也有过讨论,但是对专门开发出来的设备的验证方式却很少提及。总的来说,无源雷达作为一种可行的空中交通管理手段逐渐成熟,并开始引起广泛兴趣,其中也包括目前空中交通管理基础设施薄弱的国家,对这些国家而言低成本就是极大的吸引力。

10.4　目标识别和无源雷达

初看,无源雷达似乎不太适用于目标识别,因为其距离分辨率通常太低。不过,无源雷达回波确实包含一些可以利用的信息,其中主要信息是无源雷达的多普勒分辨率较高,且具有连续凝视特性,因而带来了较高的更新速率,也支持使用常规扫描技术。但是,皮萨内(Pisane)等成功地使用轨迹类型和 RCS 量级的组合对民用飞机进行了宽泛的分类[11]。

埃尔曼(Ehrman)、兰特曼(Lanterman)[12]、奥利瓦代塞(Olivadese)[13]以及加里(Garry)[14]等验证了使用基于 ISAR 技术的孔径合成可以得到较高的横程分辨率。其中,目标可以在大致正交于雷达视线的方向上穿过,并及时取得连续的样本,然后基于样本合成横程维度上的孔径。图 10.2 显示了使用 UHF 发射机和接收机几何关系对大型民用客机进行成像的示例,当飞机飞越接收机时对飞机成像,以获得最高空间分辨率。

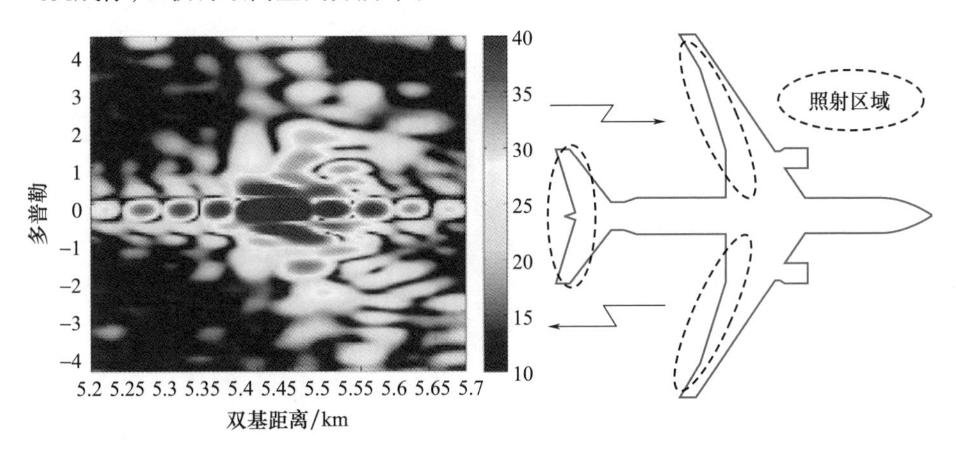

图 10.2　显示了主要散射源的相对位置的民用客机无源雷达图像

图 10.2 中的图像属于最早的无源雷达图像之一,虽然与线条画中所示的主要散射源有明确的对应,但未能显示出在许多传统高分辨率成像雷达中可观察到的完整细节。

利用微多普勒信号特征可以得到空中目标分类的第二个分量。微多普勒由不同于整体速度的运动目标的部件引起。其中一个例子是第3章中描述的螺旋桨叶片的转子部件；另一个例子是由直升机的主旋翼和尾桨引起的回波。图10.3以距离-多普勒图的形式进行了显示，并在直升机回波距离处沿多普勒轴线截取了切面图。

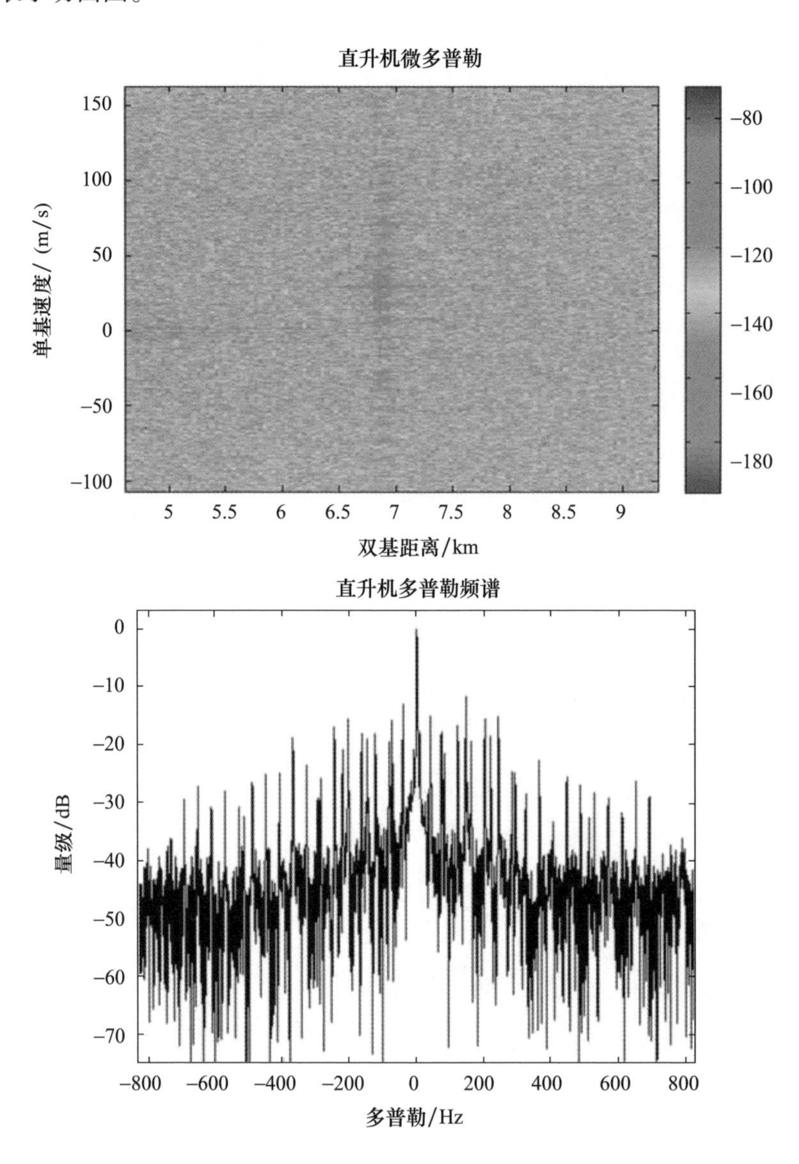

图10.3　显示了直升机的微多普勒信号特征和相应的多普勒线的距离-多普勒图

图10.3清楚地显示了从转子叶片散射产生的不同多普勒分量，这些分量可

以从多普勒频谱中看出来,其中多普勒线的相对位置可被提取,并用于对直升机进行分类。这样可以计算出主旋翼和尾桨叶片的频率以及叶片的数量(并进而得到转速),甚至可以计算出表 10.1 所列的传动比。

表 10.1　图 10.3 中直升机的多普勒、叶片数、叶片转速和传动比数据

部件	多普勒/Hz	叶片/个	叶片转速/(r/min)	传动比
主旋翼	39.6	4	600	1∶1
尾桨	73.8	2	2160	3.6∶1

还有一种利用微多普勒的办法是通过喷气式发动机调制(JEM)特征。典型的喷气式发动机由各级涡轮构成,涡轮散射电磁能的方式也会形成独特的微多普勒信号特征并且可以提供用于目标分类的详细信息。图 10.4 所示为一架波音 737 民用客机,通过距离 - 多普勒图很容易观察到飞机主体的回波和 JEM 线。所得的频谱包含了由于各级涡轮间差动旋转而产生的分量以及互调产物,互调产物中原则上包含了用于分类的详细信息。通过分析得到的频谱就可以确定飞机的类型[15]。

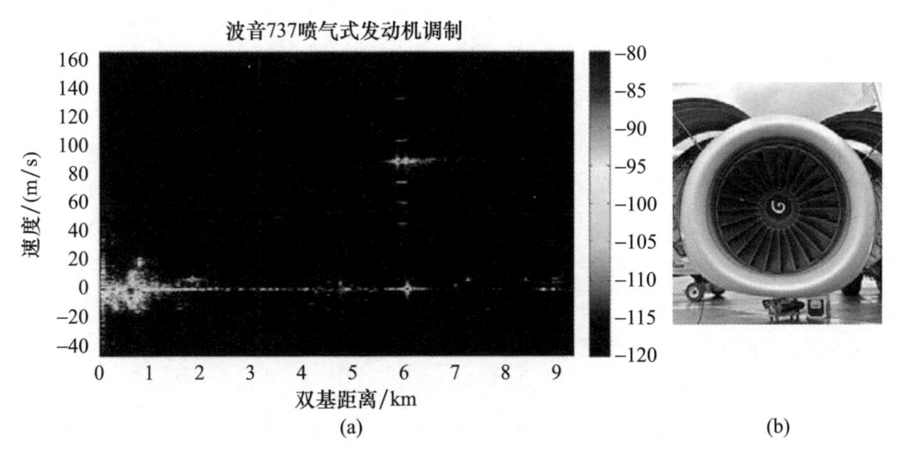

图 10.4　波音 737 民用飞机的距离 - 多普勒图上显示了从喷气式发动机反射的 JEM 线

以上例子只能说明无源雷达具有帮助解决复杂的目标分类问题的潜力,未来的研究空间还很大。

考虑到典型的无源雷达系统可能具有多台发射机和接收机,因此可以利用多视角和多频率进一步增加可提取的信息,其未来发展前景良好。至于能否为使用更高频率和更大带宽的传统技术提供补偿则仍有待观察。另一种可能是,频谱拥堵导致无源雷达具有较大的连续带宽,因而可以将高多普勒分辨率和更高的距离分辨率技术结合起来。

10.5 无源雷达对抗措施

无源雷达的优点之一在于它的隐蔽性。如果不知道对手是否使用无源雷达技术,部署对抗措施将很困难。

10.5.1 对抗措施

在历史上,英国人曾在第二次世界大战中遇到过此类问题,德国的克莱恩海德堡(KH)双基无源雷达系统便使用了英国"本土链"雷达作为其照射源。第1章已对此作了简要说明。KH系统从1943年中就开始使用,但是英国人直到1944年10月才发现。然而,据1944年底至1945年初伦敦白厅空军部的3次会议记录以及另一份情报[16],英国科学家考虑了不少于8种针对这种双基"搭便车"系统的对抗措施。文献[17]中列出了这些措施并进行了讨论,就一般问题而言,可归纳如下。

(1)对照射源的覆盖范围进行调整,在雷达最关注的区域内要缩小覆盖范围,极端的做法就是在一段时间或全部时间内完全关闭照射源。

(2)如果可行,对照射源波形进行修改以使模糊函数性能变差,或者使波形难以同步或难以抑制直达波。时变波形可能在这方面有用,或者甚至可以在同一频率下切换两台或多台发射机。

(3)噪声干扰可用于降低接收机的灵敏度,特别是拒绝向接收机发送参考信号。但是,除非接收机位置是已知的,否则必须在较大角度范围内实施干扰,这将降低其有效性。

(4)可以在不同距离生成具有不同多普勒频移的多个虚假目标①,使检测和跟踪处理产生混淆或过载[18]。

最近,舒普巴赫(Schüpbach)和比格尼日尔(Böniger)[19]也在研究干扰技术以对抗基于数字广播(DAB)的无源雷达。他们的策略是仅干扰信号的循环前缀部分,进而破坏接收机每个DAB帧开头的参考信号。事实证明这一方法是有效的,它有效地利用了干扰功率。

从这些方案中可以看出有一些针对无源雷达可考虑的对抗措施类型,不过其实施和性能方面的细节很可能是保密的。

---

① 在第二次世界大战中,英国人基于电声技术发明了一种巧妙的中继干扰机,命名为"月光"(moonshine)。

10.5.2　双基拒止

双基拒止是一种防止敌方双基接收机利用常规雷达辐射的技术[20]。这种技术在辐射时,不仅包含传统的雷达信号,还包含一个掩蔽信号来防止敌方双基接收机从雷达获取参考信号[图 10.5(a)]。掩蔽信号经辐射图辐射时,在雷达主波束方向上形成零陷[图 10.5(b)],并进行编码,使之与雷达信号正交(根据多普勒保持正交),使雷达探测器不对掩蔽信号做出响应。

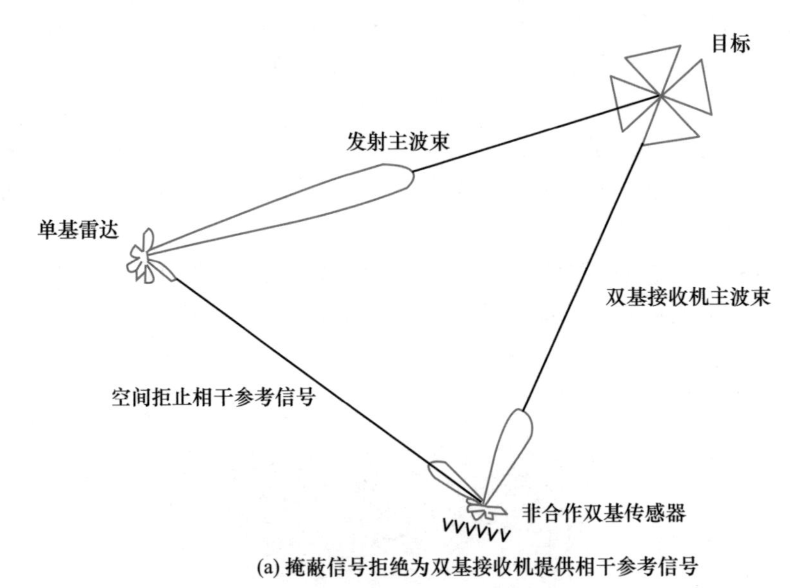

(a) 掩蔽信号拒绝为双基接收机提供相干参考信号

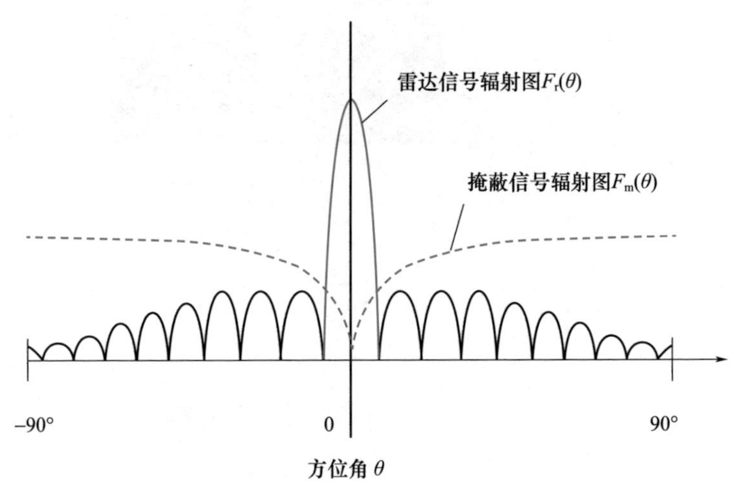

(b) 掩蔽信号经辐射图进行辐射时在雷达主波束方向上形成零陷

图 10.5　双基拒止概念

格里菲斯(Griffiths)等[20]考虑了多种雷达和掩蔽信号编码及辐射图技术,并得出结论,相干参考信号的掩蔽是可以实现的,同时还可充分抑制雷达接收机中的掩蔽信号。

10.6 老年人护理和辅助生活

第9章中示例的无源雷达的应用之一是通过 Wi-Fi 接入点发射的信号来提供近距室内检测和监控,这一概念可以帮助老年人独立生活。通过远程监控的方式可以检测并定位到老年人跌倒位置,这对于居住在家中或养老院的老年人来说很重要。与视频监控相比,基于雷达的技术具有不侵犯隐私且不依赖特定照明条件的优点。这一优点对于监控浴室尤其重要,因为在浴室中老年人滑倒或跌倒的风险很高[21-22]。

文献[23-24]中描述了对这种情况的早期实验,结果表明可以区分出跌倒人员和正常移动人员的雷达特征信号。图10.6给出了示例,显示了实验室条件下跌倒事件的测量频谱图[24]。这种传感器系统可以学习个体的行为模式,并且在发生异常情况时可以自动求助。

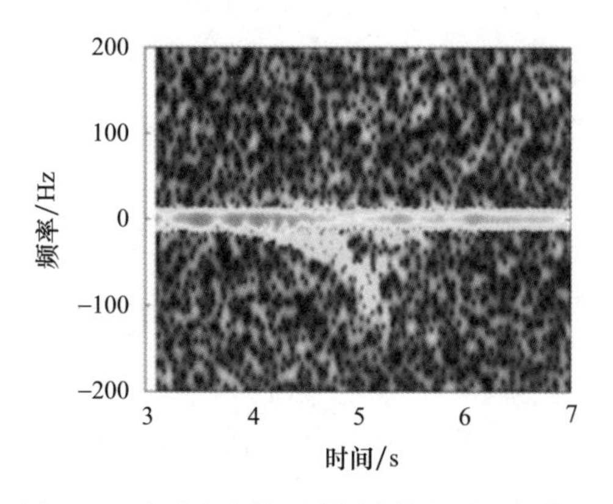

图10.6 实验室条件下跌倒事件的测量频谱图

10.7 低成本无源雷达

无源雷达具有吸引力的一个重要原因是接收机硬件简单且成本低廉,同时可实现强大的性能。

业余雷达爱好者也验证了一些简单而有效的系统。1966 年,一份业余无线电期刊上发表的文章就描述了这类用来检测飞机的实验,实验将接收机放置在位于英格兰南部伦敦以西的杜埃修道院,并将 VHF 电视发射机放置在法国东北部的里尔[25]。该几何关系利用前向散射增强目标 RCS,并检测直达波与多普勒频移目标回波之间的拍频。图 10.7 显示了路径剖面,并考虑了由于大气折射率随高度下降而导致的 4/3 有效地球半径,还显示了发射机和接收机都能看到目标的区域。作者还做了一个双八木天线干涉仪,使移动目标通过干涉仪栅瓣,从而可以根据调幅来估计目标的运动。

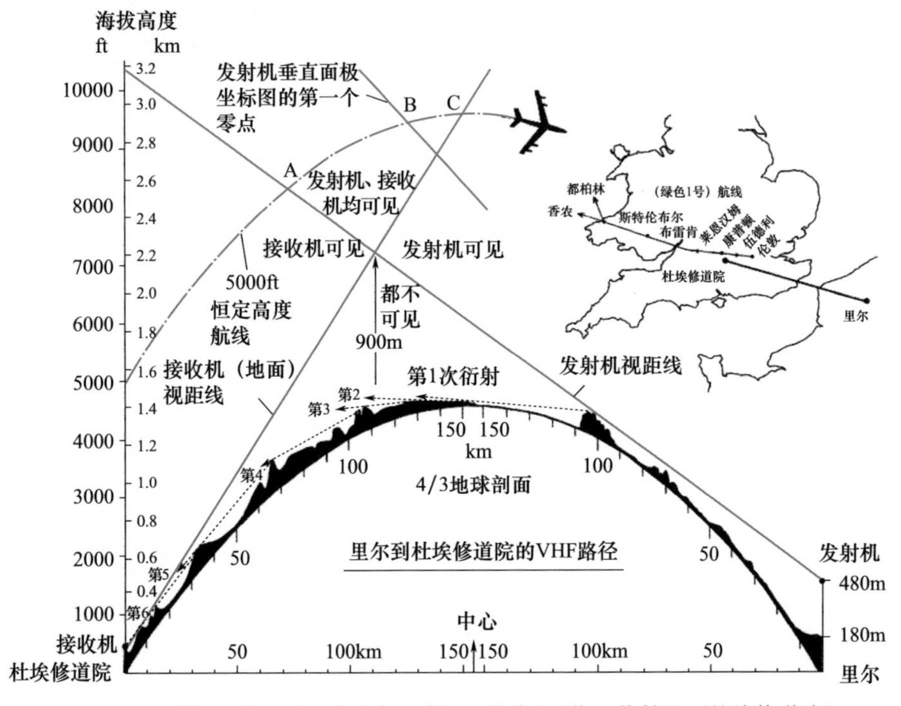

图 10.7　发射机(位于法国东北部里尔)和接收机(位于伦敦以西杜埃修道院)之间的路径剖面(© RSGB,经许可使用)

文献[26]中描述了一些最新的业余无线电实验,将来自高频通信接收机的音频输出馈送到个人计算机,在计算机中通过简单的快速傅里叶变换(FFT)算法(可从网址[26]下载)对音频输出进行数字化和处理,该算法的结果用频谱图呈现,如图 10.8 所示。实验中使用的高频发射机频率约为 26MHz,距离约 100km,接收机则非常接近目标。频谱图中显示了飞机进行各类机动的多普勒历程。正如该网址所说,"在家试试吧",这个实验的确非常简单。

1996 年,各研究实验室也认为这种方法很有吸引力,奥格尼克(Ogrodnik)描述并演示了双基便携式雷达的概念[27]。双基接收机系统的组件可以安装在一个公文包中或是挂载在飞机上。

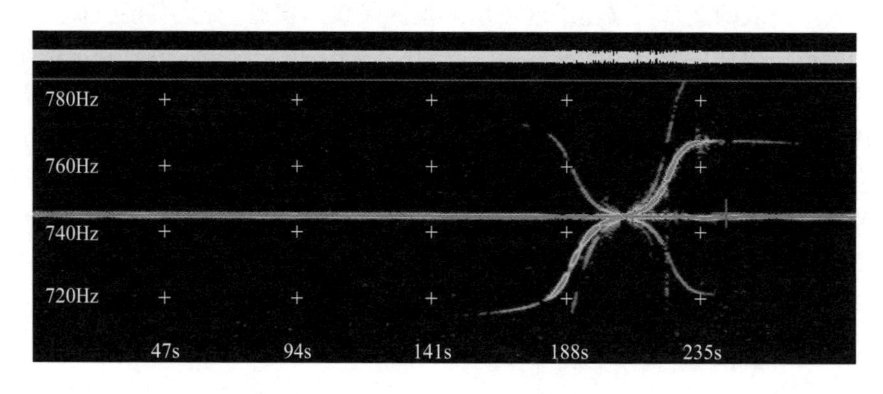

图 10.8 高频无源雷达实验频谱图(垂直标度为多普勒频移,水平标度为时间。中心水平线是直达信号载波,约 200s 处的特征是飞机以环形路径移动的回波)

最近,即时可用的适配 USB 接收机意味着无源雷达系统可以由一台便携式计算机、几根天线和软件定义的无线电 USB 设备组装而成。而这些配件可以低价买到(约 150 美元),并提供较高性能。在文献[28-29]中描述了这种简单系统及所获得的结果,包括使用双通道接收机来推导出回波到达角信息。

这些例子表明,可以通过使用简单的硬件和一些巧妙的设计达到目的。可以预期,随着未来成熟且低成本的硬件变得更容易获取,这种应用将进一步扩大。

10.8 低成本遥感

第 1 章和第 9 章中已经提到了无源雷达在遥感方面的应用。另一个相当具有吸引力的例子是将使用太阳辐射的无源雷达用于探测极地冰盖和冰川[30-31]。这是一个重要的地球物理学问题,冰盖和冰川随时间变化的方式可以提供关于全球变暖效应的重要信息。图 10.9(摘自文献[30])显示了该技术的基本原理。

太阳辐射类似于噪声,且频带较宽,与大多数人造无源雷达的照射源相比功率相对较弱。地球表面的功率密度约为 1×10^{-22} W/(m^2 · Hz)量级,可以与表 3.1 中的值进行比较。然而,利用太阳辐射的系统可以从较长的积分时间和较大的处理增益中受益。在该实验中,使用的积分时间为 14min,在实际操作中这个时间受到太阳的反射点穿过第一菲涅尔带所花费的时间限制。

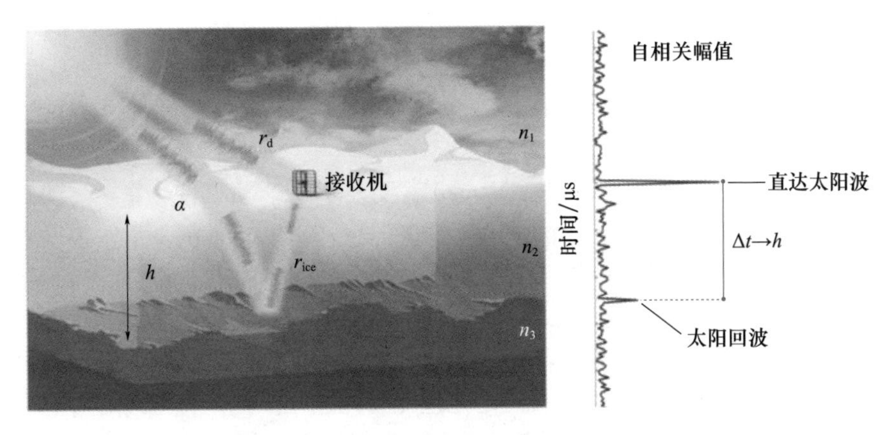

图 10.9　无源无线电冰盖探测概念[30]（来源:知识共享组织）

这里的处理本质上是形成回波与直达波的互相关。接收机基于 Ettus E312 软件定义无线电模块,设置的中心频率为 330MHz,带宽为 15.36MHz。这里的结果来自在格陵兰的斯托尔岛进行的一次实验,探测深度达到了 1000m。

这也是一种简洁的技术,相当清楚地印证了第 1 章中的观点,即几乎任何信号都可以用作无源雷达的基础。

10.9　智能自适应雷达网络

军事监测雷达中许多传统的单基方法都被认为是不灵活、昂贵且易损的,未来可能会利用智能的自适应网络来更好地实现这些功能。因此,未来的雷达将具有分布式、智能、频谱效率高和多基的特征。这种网络具有内在的恢复能力,如果网络的节点位于无人机等移动平台上,在其中一个节点发生故障的情况下,可以重新配置网络以恢复其性能。

无源雷达可以成为这种网络的组成部分。其中一些节点可能是完全无源的(仅接收),如果有合适的广播、通信或无线电导航信号,就可以合理利用这些信号。

实现这种网络面临的挑战包括:①网络节点之间的通信,特别是需要在平台之间传递高带宽原始数据时;②地理定位和同步,尤其在 GPS 拒止环境中;③网络的全面管理。最后一点与单基多功能雷达(MFR)的资源管理问题有一些相似之处,但显然更困难。不过,已经为单基多功能雷达开发的资源管理技术[32]以及支持雷达学习与自适应的认知技术可用于应对这一挑战[33]。

10.10 小结

1965 年,戈登·摩尔(Gordon Moore)就发表了一篇预见性文章[34],预测计算能力在每经过 18 个月便会增加 1 倍。按照这一算法,自他的文章发表以来到本书撰写这个时间,处理能力已经增加了 1.9×10^{11} 倍。也就是说,在 1965 年需要约 2 天的计算现在仅需要 1μs。戈登·摩尔文章的最后一个词是“雷达”,表明他知道自己的预测将对雷达能力产生深远的影响。摩尔定律可以外推到更多领域,这或许存在物理上的限制,但是处理能力的进一步提高将继续对可能发生的事情产生极大影响,这一点毋庸置疑。同时,也可以预见低成本软件定义无线电接收机以及复杂波形编码和生成技术会同步发展。

关于整个频谱分配,从规范上和技术上都在经历一场革新,现在由常规雷达执行的许多功能将来都将由无源雷达实现[35]。可以预期,本章和第 9 章中所提及的应用都会有所进展。在军事领域,对隐身的需求也意味着会更多地使用双基和无源技术,无源雷达将是监测与保护国土和海域的一种具有吸引力的技术。

如果就此认为无源技术将取代常规雷达技术也是不合适的,但我们可以这样说:“前途一片光明,未来属于无源。”

参考文献

[1] Griffiths, H. D., et al., “Radar Spectrum Engineering and Management: Technical and Regulatory Approaches”, *IEEE Proceedings*, Vol. 103, No. 1, January 2015, pp. 85 – 102.

[2] McQueen, D., “The Momentum Behind LTE Adoption”, *IEEE Communications Magazine*, Vol. 47, No. 2, February 2009, pp. 44 – 45.

[3] Marcus, M. J., “Spectrum Policy for Radio Spectrum Access”, *IEEE Proceedings*, Vol. 100, No. 5, May 2012, pp. 1685 – 1691.

[4] Baylis, C., et al., “Designing Transmitters for Spectral Conformity: Power Amplifier Design Issues and Strategies”, *IET Radar, Sonar & Navigation*, Vol. 5, No. 6, July 2011, pp. 681 – 685.

[5] Oswald, G. K. A., “Holographic Radar”, *Proceedings of SPIE 7308, Radar Sensor Technology XIII*, Orlando FL, April 2009.

[6] Sturm, C., and W. Wiesbeck, “Waveform Design and Signal Processing Aspects for Fusion of Wireless Communications and Radar Sensing”, *IEEE Proceedings*, Vol. 99, No. 7, July 2011, pp. 1236 – 1259.

[7] Krier, J. R. , et al. , "Performance Bounds for an OFDM – Based Joint Radar and Communications System", *IEEE MILCOM 2015*, Tampa, FL, October 26 – 28, 2015, pp. 511 – 516.

[8] Blunt, S. D. , P. Yatham, and J. Stiles, "Intrapulse Radar – Embedded Communications", *IEEE Transactions on Aerospace and Electronic Systems*, Vol. 46, No. 3, July 2010, pp. 1185 – 1200.

[9] Griffiths, H. D. , I. Darwazeh, and M. R. Inggs, "Waveform Design for Commensal Radar", *IEEE Int. Conference RADAR 2015*, Arlington, VA, May 11 – 14, 2015, pp. 1456 – 1460.

[10] Stevens, M. , D. Pompairac, and N. Millet, "Multi – Static Primary Surveillance Radar Assessment", *SEE Int. Radar Conference RADAR 2014*, Lille, October 13 – 17, 2014.

[11] Pisane, J. , et al. , "Automatic Target Recognition (ATR) for Passive Radar", *IEEE Transactions on Aerospace and Electronic Systems*, Vol. 50, No. 1, January 2014, pp. 371 – 392.

[12] Ehrman, L. M. , and A. Lanterman, "Automated Target Recognition Using Passive Radar and Coordinated Flight Models", *Proc. SPIE 5094*, *Automatic Target Recognition XIII*, Vol. 196, September 2003.

[13] Olivadese, D. , et al. , "Passive ISAR with DVB – T Signals", *IEEE Transactions on Geoscience and Remote Sensing*, Vol. 51, No. 8, August 2013, pp. 4508 – 4517.

[14] Garry, L. , "Multistatic Passive Radar ISAR Imaging", Ph. D. thesis, Ohio State University, Columbus, OH, 2016.

[15] Blacknell, D. , and H. D. Griffiths, (eds.), *Radar Automatic Target Recognition and Non – Cooperative Target Recognition*, Stevenage, U. K. : IET, 2013.

[16] *Air Scientific Intelligence Interim Report*, *Heidelberg*, A. D. I. (Science), IIE/79/22, November 24, 1944, Public Records Office, Kew, London (AIR 40/3036).

[17] Griffiths, H. D. , "Klein Heidelberg: New Information and Further Insight", *IET Radar, Sonar and Navigation*, Vol. 11, No. 6, June 2017, pp. 903 – 908.

[18] Griffiths, H. D. , "The D – Day Deception Operations TAXABLE and GLIMMER", *IEEE AES Magazine*, Vol. 30, No. 3, March 2015, pp. 12 – 20.

[19] Schüpbach, C. , and U. Böniger, "Jamming of DAB – Based Passive Radar Systems", *EuRAD Conference 2016*, London, October 6 – 7, 2016.

[20] Griffiths, H. D. , et al. , "Denial of Bistatic Hosting by Spatial – Temporal Waveform Design", *IEE Proc. Radar, Sonar and Navigation*, Vol. 152, No. 2, April 2005, pp. 81 – 88.

[21] Ahmad, F. , R. Narayanan, and D. Schreurs, "Application of Radar to Remote Patient Monitoring and Eldercare", *IET Radar, Sonar and Navigation*, Vol. 9, No. 2, February 2015, p. 115.

[22] Li, W. , B. Tan, and R. Piechocki, "Passive Radar for Opportunistic Monitoring in E – Health Applications", *IEEE Journal of Translational Engineering in Health and Medicine*, Vol. 6, 2018.

[23] Liu, L. , et al. , "Automatic Fall Detection Based on Doppler Radar Motion Signature", *5th International Conference on Pervasive Computing Technologies for Healthcare (PervasiveHealth)*, Dublin, May 23 – 26, 2011, pp. 222 – 225.

[24] Qisong, W. , et al. , "Radar – Based Fall Detection Based on Doppler Time – Frequency Signa-

tures for Assisted Living", *IET Radar, Sonar and Navigation*, Vol. 9, No. 2, February 2015, pp. 164 – 172.

[25] Sollom, P. W., "A Little Flutter on VHF", *RSGB Bulletin*, November 1966, pp. 709 – 728; December 1966, pp. 794 – 824, www. rsgb. org.

[26] http://www. qsl. net/g3cwi/doppler. htm.

[27] Ogrodnik, R. F., "Bistatic Laptop Radar: An Affordable, Silent Radar Alternative", *IEEE Radar Conference*, Ann Arbor, MI, May 13 – 16, 1996, pp. 369 – 373.

[28] http://www. rtl – sdr. com/building – a – passive – radar – system – with – an – rtl – sdr/.

[29] http://hackaday. com/2015/06/05/building – your – own – sdr – based – passiveradar – on – a – shoestring/.

[30] Peters, S. T., et al., "Glaciological Monitoring Using the Sun as a Radio Source for Echo Detection", *Geophysical Research Letters*, Vol. 48, No. 19, July 14, 2021.

[31] "Solar Radio Waves Could Help Monitor Glacier Thickness", *Physics World*, July 28, 2021, https://physicsworld. com/a/solar – radio – waves – could – helpmonitor – glacier – thickness/.

[32] Charlish, A., K. Woodbridge, and H. D. Griffiths, "Phased Array Radar Resource Management Using Continuous Double Auction", *IEEE Transactions on Aerospace and Electronic Systems*, Vol. 51, No. 3, July 2015, pp. 2212 – 2224.

[33] Haykin, S., "Cognitive Radar: A Way of the Future", *IEEE Signal Processing Magazine*, Vol. 23, No. 1, January 2006, pp. 30 – 40.

[34] Moore, G. E., "Cramming More Components onto Integrated Circuits", *Electronics*, April 19, 1965, pp. 114 – 117; reprinted in *IEEE Proceedings*, Vol. 86, No. 1, January 1998, pp. 82 – 85.

[35] Kuschel, H., and K. E. Olsen, (eds.), Special Issues of *IEEE AES Magazine* on Passive Radars for Civilian Applications, February 2017 and April 2017.

附录　缩略语表

缩略语	全称	中文含义
3GPP	3rd Generation Partnership Project	第三代合作伙伴计划
AAC	advanced audio coding	高级音频编码
ADS – B	automatic dependent surveillance – broadcast	广播式自动相关监视系统
AEW	airborne early warning	机载预警
AMF	adaptive matched filter	自适应匹配滤波
AREPS	advanced refractive effects prediction system	先进折射效应预测系统
ARM	anti – radiation missile	反辐射导弹
ASAR	advanced synthetic aperture radar	高级合成孔径雷达
ATOM	airport detection and tracking of dangerous materials by active and passive sensors arrays	机场危险物有源/无源传感器阵列检测及跟踪
BBC	British Broadcasting Corporation	英国广播公司
BGAN	broadband global area network	宽带全球区域网
BNR	bistatic network receiver	双基网络接收机
BPA	back – projection algorithm	后向投影算法
CA – CFAR	cell – averaging constant false alarm rate	单元平均恒虚警
CDMA	code division multiple access	码分多址
CFAR	constant false alarm rate	恒虚警
COFDM	coding orthogonal frequency division multiplex	正交编码频分复用
CP	cyclic prefix	循环前缀
CRD^3 – STAP	complementary RD^3 – STAP	互补型稳健直接数据域空时自适应处理
DAB	digital audio broadcast	数字音频广播
DBS	direct broadcast satellite	卫星直播
DEW	distant early warning	远程预警
DOA	direction of arrival	到达方向
DRM	digital radio mondiale	全球数字广播

续表

缩略语	全称	中文含义
DSB	direct satellite broadcast	卫星直播
DSI	direct signal interference	直达波干扰
DSSS	direct sequence spread spectrum	直接序列扩频
DTV	digital television	数字电视
DVB	digital video broadcast	数字电视广播
DVB – T	digital video broadcasting – terrestrial digital television	地面数字电视广播
DVT	digital video transport	数字视频传输
ECA	extensive cancellation algorithm	扩展相消算法
ECA – CD	extensive cancellation algorithm in carrier Doppler	载波多普勒中的扩展相消算法
EIRP	effective isotropic radiated power	有效全向辐射功率 等效各向同性辐射功率
ENVISAT	environmental satellite	欧洲航天局研制的地球观测卫星
ETSI	European Telecommunications Standards Institute	欧洲电信标准协会
FBLMS	fast block least mean squares	快速块最小均方
FDD	frequency division duplex	频分双工
FDMA	frequency division multiple access	频分多址
FFT	fast Fourier transformation	快速傅里叶变换
FIR	finite impulse response	有限脉冲响应
FM	frequency modulation	调频
FPGA	field programmable gate array	现场可编程门阵列
GLONASS	global orbit navigation satellite system	全球轨道导航卫星系统
GMSK	gaussian minimum – shift keying	高斯最小频移键控
GMTI	ground moving target indication	地面动目标指示
GNSS	global navigation satellite system	全球导航卫星系统
GPS	global positioning system	全球定位系统
GSM	global system for mobile communications	全球移动通信系统
HDTV	high definition television	高清电视
HF	high frequency	高频
ICNIRP	International Commission on Non – Ionizing Radiation Protection	国际非电离辐射防护委员会

续表

缩略语	全称	中文含义
IEE	The Institution of Electrical Engineers	国际电气工程师协会
IEEE	Institute of Electrical and Electronics Engineers	国际电气及电子工程师协会
IET	Institution of Engineering and Technology	英国工程与技术学会
IMU	inertial measurement unit	惯性测量单元
INMARSAT	International Maritime Satellite Organization	国际海事卫星组织
INTELSAT	International Telecommunications Satellite	国际通信卫星组织
IOO	illuminator of opportunity	机会照射源
IoT	internet of things	物联网
ISAR	inverse synthetic aperture radar	逆合成孔径雷达
ITM	irregular terrain model	不规则地形模型
JEM	jet engine modulation	喷气式发动机调制
JORN	Jindalee Operational Radar Network	(澳大利亚)"金达利"作战雷达网络
LAN	local area network	局域网
LEO	low earth orbit	近地轨道
LNA	low noise amplifier	低噪声放大器
LTE	long term evolution	长期演进技术
MAN	metropolitan area network	城域网
MDA	map drift algorithm	子孔径偏移算法
MFN	multifrequency network	多频网络
MFR	multifunction radar	多功能雷达
MIMO	multiple - input multiple - output	多输入多输出
MPEG	moving pictures expterts group	动态影像专家组
MRR	Manastash Ridge Radar	马纳斯塔什山脊雷达
MSPSR	multistatic primary surveillance radar	多基一次监视雷达
MTI	moving target indication	动目标显示
NATS	National Air Traffic Services	英国国家空中交通局
NAVIC	navigation with Indian constellation	印度区域导航卫星系统
NAVSTAR	navigation signal timing and ranging	美国导航卫星定时测距系统
NLMS	normalized least mean square	归一化最小均方误差算法

续表

缩略语	全称	中文含义
NTSC	National Television System Committee	美国国家电视标准委员会
OFCOM	Office of Communications	英国通信管理局
OFDM	orthogonal frequency – division multiplexing	正交频分复用
ONERA	Office National d'Études et de Recherches Aerospatiales (National Office of Aerospatial Studies and Research	法国国家航空航天研究中心
OTH	over the horizon	超视距
PAL	phase alternating line	逐行倒相制式
PBR	passive bistatic radar	无源双基雷达
PCL	passive coherent location	无源相干定位
PCR	passive covert radar	无源隐蔽雷达
PET	passive emitter tracking	无源发射机跟踪
PHD	probability hypothesis density	概率假设密度
PRF	pulse repetition frequency	脉冲重复频率
PRN	pseudo – random noise	伪随机噪声
QAM	quadrature amplitude modulation	正交调幅
QPSK	quadrature phase shift keying	四相相移键控
RAM	radar absorbing material	雷达吸波材料
RB	resource block	资源块
RCS	radar cross section	雷达截面积
RD^3 – STAP	robust direct data domain STAP algorithm	稳健直接数据域空时自适应处理（算法）
RE	resource element	资源粒子
RF	radio frequency	射频
RG	resource grid	资源网格
RLS	recursive least squares	递归最小二乘算法
SAR	synthetic aperture radar	合成孔径雷达
SBR	spectral band replication	频带复制
SDR	software defined radio	软件定义的无线电
SECAM	SEquential colour and memory system	塞康制电视制式

续表

缩略语	全称	中文含义
SFN	single frequency network	单频网络
SI	spherical interpolation	球面插值
SINR	signal to interference plus noise ratio	信号与干扰加噪声比
SKA	square kilometer array	平方公里阵列
SPASUR	space surveillance	空间监视
SS – BSAR	space – surface bistatic SAR	太空 – 地面双基 SAR
STAP	space time adaptive processing	空时自适应处理
SX	spherical intersection	球面相交
TDMA	time division multiple access	时分多址
TDOA	time difference of arrival	到达时差
TMA	terminal movement area	航站空域
TPS	transmission parameter signal	传输参数信令
TWS	tracking while scanning	边扫描边跟踪
UHF	ultra high frequency	超高频
UAV	unmanned air vehicle	无人机
UCL	University College London	伦敦大学学院
VHF	very high frequency	甚高频
WCDMA	wideband code division multiple access	宽带码分多址
WF	wiener filtering	维纳滤波
Wi – Fi	wireless fidelity	无线网络通信技术
WiMAX	worldwide interoperability for microwave access	全球微波接入互操作性